Wissenschaftliche Reihe Fahrzeugtechnik Universität Stuttgart

Reihe herausgegeben von

Michael Bargende, Stuttgart, Deutschland

Hans-Christian Reuss, Stuttgart, Deutschland

Jochen Wiedemann, Stuttgart, Deutschland

Das Institut für Fahrzeugtechnik Stuttgart (IFS) an der Universität Stuttgart erforscht, entwickelt, appliziert und erprobt, in enger Zusammenarbeit mit der Industrie, Elemente bzw. Technologien aus dem Bereich moderner Fahrzeugkonzepte. Das Institut gliedert sich in die drei Bereiche Kraftfahrwesen, Fahrzeugantriebe und Kraftfahrzeug-Mechatronik. Aufgabe dieser Bereiche ist die Ausarbeitung des Themengebietes im Prüfstandsbetrieb, in Theorie und Simulation. Schwerpunkte des Kraftfahrwesens sind hierbei die Aerodynamik, Akustik (NVH), Fahrdynamik und Fahrermodellierung, Leichtbau, Sicherheit, Kraftübertragung sowie Energie und Thermomanagement – auch in Verbindung mit hybriden und batterieelektrischen Fahrzeugkonzepten. Der Bereich Fahrzeugantriebe widmet sich den Themen Brennverfahrensentwicklung einschließlich Regelungs- und Steuerungskonzeptionen bei zugleich minimierten Emissionen, komplexe Abgasnachbehandlung, Aufladesysteme und -strategien, Hybridsysteme und Betriebsstrategien sowie mechanisch-akustischen Fragestellungen. Themen der Kraftfahrzeug-Mechatronik sind die Antriebsstrangregelung/Hybride, Elektromobilität, Bordnetz und Energiemanagement, Funktions- und Softwareentwicklung sowie Test und Diagnose. Die Erfüllung dieser Aufgaben wird prüfstandsseitig neben vielem anderen unterstützt durch 19 Motorenprüfstände, zwei Rollenprüfstände, einen 1:1-Fahrsimulator, einen Antriebsstrangprüfstand, einen Thermowindkanal sowie einen 1:1-Aeroakustikwindkanal. Die wissenschaftliche Reihe „Fahrzeugtechnik Universität Stuttgart" präsentiert über die am Institut entstandenen Promotionen die hervorragenden Arbeitsergebnisse der Forschungstätigkeiten am IFS.

Reihe herausgegeben von

Prof. Dr.-Ing. Michael Bargende
Lehrstuhl Fahrzeugantriebe
Institut für Fahrzeugtechnik Stuttgart
Universität Stuttgart
Stuttgart, Deutschland

Prof. Dr.-Ing. Hans-Christian Reuss
Lehrstuhl Kraftfahrzeugmechatronik
Institut für Fahrzeugtechnik Stuttgart
Universität Stuttgart
Stuttgart, Deutschland

Prof. Dr.-Ing. Jochen Wiedemann
Lehrstuhl Kraftfahrwesen
Institut für Fahrzeugtechnik Stuttgart
Universität Stuttgart
Stuttgart, Deutschland

Weitere Bände in der Reihe http://www.springer.com/series/13535

Alexander Georg Fridrich

Ein integriertes Fahrdynamikregelkonzept zur Unterstützung des Fahrwerkentwicklungsprozesses

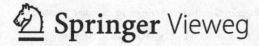

Alexander Georg Fridrich
IFS, Fakultät 7, Lehrstuhl für
Kraftfahrwesen
Universität Stuttgart
Stuttgart, Deutschland

Zugl.: Dissertation Universität Stuttgart, 2020

D93

ISSN 2567-0042   ISSN 2567-0352   (electronic)
Wissenschaftliche Reihe Fahrzeugtechnik Universität Stuttgart
ISBN 978-3-658-32273-1   ISBN 978-3-658-32274-8   (eBook)
https://doi.org/10.1007/978-3-658-32274-8

Die Deutsche Nationalbibliothek verzeichnet diese Publikation in der Deutschen National-
bibliografie; detaillierte bibliografische Daten sind im Internet über http://dnb.d-nb.de abrufbar.

Springer Vieweg ist ein Imprint der eingetragenen Gesellschaft Springer Fachmedien Wiesbaden
GmbH und ist ein Teil von Springer Nature.
Die Anschrift der Gesellschaft ist: Abraham-Lincoln-Str. 46, 65189 Wiesbaden, Germany

Für meine Großeltern

Käthe und Josef,

Lina und Georg.

In Liebe und Dankbarkeit.

Vorwort

Die vorliegende Arbeit entstand während meiner Tätigkeit als wissenschaftlicher Mitarbeiter am Institut für Fahrzeugtechnik Stuttgart (IFS) der Universität Stuttgart im Bereich Fahrzeugtechnik und Fahrdynamik.

Ganz besonders danke ich meinem Doktorvater Herrn Professor Dr.-Ing. Jochen Wiedemann für die wissenschaftliche Betreuung, die wertvolle Unterstützung und den fachlichen Freiraum zur Gestaltung der Arbeit. Herrn Professor Dr.-Ing. habil. Dr. h.c. Oliver Sawodny danke ich für das Interesse an meiner Arbeit und die freundliche Übernahme des Mitberichts. Herrn Professor Dr.-Ing. Andreas Wagner danke ich für die angenehmen und konstruktiven Gespräche, die Unterstützung in den Forschungsprojekten und die Übernahme des Prüfungsvorsitzes.

Herzlich bedanken möchte ich mich bei Herrn Dr.-Ing. Jens Neubeck und Herrn Dr.-Ing. Werner Krantz für das mir entgegengebrachte Vertrauen, die gebotene wissenschaftliche Freiheit und die fruchtbaren Diskussionen. Allen Kolleginnen und Kollegen des IFS und des FKFS danke ich herzlich für die uneingeschränkte Hilfsbereitschaft, die freundschaftliche Arbeitsatmosphäre und die großartige Zusammenarbeit. Dadurch konnte ich die herausfordernde Arbeit genießen. Stellvertretend und besonders gebührt meinem langjährigen Bürokollegen Herrn Dr.-Ing. Alexander Ahlert Dank für die facettenreichen Gespräche, die gegenseitige Unterstützung, die tiefgründigen fachlichen Diskussionen und die Durchsicht dieser Arbeit. Den Kollegen des Instituts für Fahrzeugkonzepte des Deutschen Zentrums für Luft- und Raumfahrt gilt mein Dank für die angenehme und produktive Zusammenarbeit im *LEICHT*- und *GEMEF*-Projekt. Dem Ministerium für Wirtschaft, Arbeit und Wohnungsbau des Landes Baden-Württemberg sei gedankt für die finanzielle Förderung der beiden Projekte. Überdies bedanke ich mich bei all meinen Studierenden, die durch ihre studentischen Arbeiten und Hilfstätigkeiten wesentlich zum Gelingen dieser Arbeit beigetragen haben.

Mein herzlichster Dank gilt meinen lieben Eltern Traude und Albrecht und meiner lieben Schwester Kristina für die Förderung, das Vertrauen und den grenzenlosen Rückhalt, den sie mir zeit meines Lebens geben. Meiner wundervollen Freundin Nadine danke ich für ihre unendliche Unterstützung, Geduld und bedingungslose Liebe für ihren „besten Linienzeichner der Welt".

Nufringen   Alexander Georg Fridrich

Inhaltsverzeichnis

Abbildungsverzeichnis

Tabellenverzeichnis

Symbol- und Abkürzungsverzeichnis

Lateinische Symbole und Formelzeichen

Zeichen	Einheit	Beschreibung
a	m/s^2	Absolutbeschleunigung des Fahrzeugschwerpunkts
A_{max}	rad/s | rad	Maximale Amplitude
A_{MPSA}		Systemmatrix zur Prädiktion der Aktor- und Reifenkraftdynamik in der MPSA
A_{WESM}		Systemmatrix des wankerweiterten linearen Einspurmodells
a_x	m/s^2	Schwerpunktbeschleunigung in Fahrzeuglängsrichtung
a_y	m/s^2	Schwerpunktbeschleunigung in Fahrzeugquerrichtung
B		Eingangsmatrix der Regelstrecke
B_{MPSA}		Eingangsmatrix zur Prädiktion der Aktor- und Reifenkraftdynamik in der MPSA
B_{WESM}		Eingangsmatrix des wankerweiterten linearen Einspurmodells
c_h	N/rad	Hinterachssteifigkeit
$C_{S,WESM}$		Ausgangsmatrix des wankerweiterten linearen Einspurmodells
c_v	N/rad	Vorderachssteifigkeit

Zeichen	Einheit	Beschreibung
c_w	Nm/rad	Wanksteifigkeit
D		Matrix der Schranken parametrischer Unsicherheiten in der Wirkung von Eingangsgrößen
$dom(.)$	–	Definitionsmenge
$d_{tot,i}$	rad/s | rad	Regeltotzonen des Sliding Mode-Reglers der Gierrate ($i = \dot\psi$) und des Schwimmwinkels ($i = \beta$)
d_w	Nms/rad	Wankdämpfung
$e_{rel,i}$	–	Relativfehler der Gierrate ($i = \dot\psi$) und des Schwimmwinkels ($i = \beta$)
E_{WESM}		Störgrößenmatrix des wankerweiterten linearen Einspurmodells
f	1/s | Hz	Frequenz
f_{konv}		Konvexe Funktion
$\boldsymbol{f}_{rob}$		Funktion für die Schranke des Dynamikfehlers zwischen Regelstrecke und Reglerentwurfsmodell
$\boldsymbol{f}_{UKF}$		Dynamikmodell des Filtermodells
$F_{x,ij}$	N	Längskraft am Rad ij, $ij \in \{vl,vr,hl,hr\}$
F_x^{virt}	N	Virtuelle Längskraft im Fahrzeugschwerpunkt
$F_{y,h}$	N	Seitenkraft an der Fahrzeughinterachse
$F_{y,v}$	N	Seitenkraft an der Fahrzeugvorderachse
F_y^{virt}	N	Virtuelle Seitenkraft im Fahrzeugschwerpunkt

Zeichen	Einheit	Beschreibung
g	m/s^2	Erdbeschleunigung
$\boldsymbol{G}_i$		Allokationsvektoren zur Bildung des Fehlers der Primärziele in der MPSA ($i = M_z, F_y, F_x$)
G_{ij}		Übertragungsfunktion von Eingang i auf Ausgang j
$\boldsymbol{G}_i x_k^i$	Nm|N	MPSA-prädizierte Kraft- und Momentenwirkung der Aktorwirkzustände auf den Fahrzeugschwerpunkt zum diskreten Zeitpunkt k
$\boldsymbol{g}_{UKF}$		Messmodell des Filtermodells
$\boldsymbol{G}_\eta$		Energieeffizienzvektor zur Prädiktion des mittleren Wirkungsgrades der Antriebe in der MPSA
$\boldsymbol{h}_{UKF}$		Ausgangsmodell des Filtermodells
$\boldsymbol{I}_{2x2}$		Diagonale Einheitsmatrix zweiter Dimension
$\boldsymbol{I}_{A,red}$		Reduktionsmatrix der Aktorwirkzustände
J_{xx}	kgm²	Trägheitsmoment um die Fahrzeuglängsachse
J_{zz}	kgm²	Trägheitsmoment um die Fahrzeughochachse
$\boldsymbol{k}_{rob}$		Vektor der Verstärkungen des Sliding Mode-Reglers
$\boldsymbol{K}_{rob}$		Diagonalmatrix der Reglerverstärkungen des Sliding Mode-Reglers
k_σ	—	Konfidenzintervallfaktor des Sliding Mode-Reglers
l_h	m	Abstand der Fahrzeughinterachse zum Fahrzeugschwerpunkt
l_v	m	Abstand der Fahrzeugvorderachse zum Schwerpunkt

Zeichen	Einheit	Beschreibung
m	kg	Gesamtfahrzeugmasse
$M_{A,ij}$	Nm	Antriebsmoment am Rad ij, $ij \in \{vl,vr,hl,hr\}$
$M_{B,ij}$	Nm	Bremsmoment am Rad ij, $ij \in \{vl,vr,hl,hr\}$
M_{mot}	Nm	Moment des elektrischen Antriebs- und Rekuperationsmotors
$\boldsymbol{M}_{Rad}$		Vektor der Radmomente
$M_{z,TV}$	Nm	Giermoment um Fahrzeughochachse durch radindividuelle Momentenverteilung
M_z^{virt}	Nm	Virtuelles Giermoment um Fahrzeughochachse
n_{mot}	1/s	Drehzahl des elektrischen Motors
n_P	–	Anzahl der zeitlichen Diskretisierungsstellen des Prädiktionsmodells der MPSA
$n_{P,Ziel}$	–	Anzahl der zeitlichen Diskretisierungsstellen zur Evaluation der Zielfunktion der MPSA
n_{UKF}	–	Anzahl der Filtermodellzustände
p	–	Fahrpedalstellung
$\boldsymbol{Q}_{MPSA}$		Normierungs- und Gewichtungsmatrix der primären Ziele in der MPSA
$\boldsymbol{q}_{UKF}$		Vektor der Ausgangsmodell-Derivierten des Filters
$\boldsymbol{Q}_{UKF}$		Beobachtbarkeitsmatrix auf Basis des Filtermodells
$\boldsymbol{r}_{dyn}$		Vektor der dynamischen Radhalbmesser

Zeichen	Einheit	Beschreibung
$r_{dyn,ij}$	m	Dynamischer Radhalbmesser am Rad ij, $ij \in \{vl, vr, hl, hr\}$
R_{HS}		Vektor der rechten Seite zum Beweis der Robustheit des Sliding Mode-Reglers
R_{MPSA}		Normierungs- und Gewichtungsmatrix der sekundären Ziele in der MPSA
$r_{r,VAL}$	m	Effektiver Ritzelradius des Lenkgetriebes der Vorderachslenkung
s	–	Vektor der Gleitvariablen des Sliding Mode-Reglers
$sat_{tot}(.)$	–	Saturierungsfunktion des Sliding Mode-Reglers
$sgn(.)$	–	Signumsfunktion
s_h	m	Spurweite an der Fahrzeughinterachse
s_{HAL}	m	Hubstangenposition der aktiven Hinterachslenkung
s_i	rad/s | rad	Sliding Mode-Gleitvariable der Gierrate ($i = \dot{\psi}$) und des Schwimmwinkels ($i = \beta$)
s_v	m	Spurweite an der Fahrzeugvorderachse
s_{VAL}	m	Zahnstangenposition der Vorderachslenkung
$s_{\Delta,i}$	rad/s | rad	Hilfsgleitvariablen des Sliding Mode-Reglers für die Gierrate ($i = \dot{\psi}$) u. für den Schwimmwinkel ($i = \beta$)
t	s	Zeit
T_{max}	s	Zeitpunkt maximaler Fahrzeugreaktion bei Lenkradwinkelsprungmanöver

Zeichen	Einheit	Beschreibung
$T_{s,MPSA}$	s	Diskrete Zeitschrittweite der Stellgrößenaufschaltung der MPSA
$T_{s,P}$	s	Diskrete Zeitschrittweite des Prädiktionsmodells der MPSA
$T_{s,P,Ziel}$	s	Diskrete Zeitschrittweite zur Evaluation der Zielfunktion der MPSA
u		Eingangsgröße
$\boldsymbol{u}$		Eingangsvektor
$\tilde{\boldsymbol{u}}_A$		Stellaufwandvektor in der MPSA
$u_{A,k}^i$	rad|m|Nm	Durch die MPSA optimierte Aktorstellgrößen zum diskreten Zeitpunkt k
$\boldsymbol{u}_{rob}$		Vektor der Sliding Mode-Regelanteile der virtuellen Stellgrößen
$\hat{\boldsymbol{u}}_{st}$		Vektor der Vorsteueranteile der virtuellen Stellgrößen
v	m/s	Absolute Schwerpunktsgeschwindigkeit
v_i		Unsicherheit des Filterprozessmodells für die Systemdynamik i, , $i \in \{\dot{\psi}, \beta, \dot{\varphi}, \hat{c}_v, \hat{c}_h, \hat{z}_w\}$
$V_{s_{\Delta},i}$	rad²/s²|rad²	Systemausgangsindividuelle Lyapunovfunktionen der Gierrate ($i = \dot{\psi}$) u. des Schwimmwinkels ($i = \beta$)
$\boldsymbol{v}_{UKF}$		Prozessrauschvektor des Filtermodells
v_x	m/s	Schwerpunktgeschwindigkeit in Fahrzeuglängsrichtung

Zeichen	Einheit	Beschreibung
w_i		Unsicherheit des Messmodells für die Messung i, $i \in \{\dot{\psi}, \dot{\varphi}, a_y, F_{y,v}, F_{y,h}, v\}$
$w_{Q,i}$	–	Gewichtungsfaktoren der primären Ziele in der MPSA ($i = M_z, F_y, F_x$)
$w_{R,i}$	–	Gewichtungsfaktoren der sekundären Ziele in der MPSA ($i = VAL, HAL, Rad_{vl}, Rad_{vr}, Rad_{hl}, Rad_{hr}, \eta$)
$\boldsymbol{w}_{UKF}$		Messrauschvektor des Filtermodells
x		Zustandsgröße
$\boldsymbol{x}$		Zustandsvektor
$\boldsymbol{x}_A$		Vektor der Aktorwirkzustände in der MPSA
$\tilde{\boldsymbol{x}}_A$		Fehlerzustandsvektor der Primärziele in der MPSA
$\bar{\boldsymbol{x}}_A$		Vektor der erweiterten Aktorwirkzustände in der MPSA
$\dot{\boldsymbol{x}}_{UKF}$		Prozessmodell des Filtermodells
$\boldsymbol{y}$		Ausgangsvektor
$y_k^{virt,i}$	Nm|N	Virtuelle Stellgröße der Gierrate ($i = \dot{\psi}$), des Schwimmwinkels ($i = \beta$), der Geschwindigkeit ($i = v_x$) zum diskreten Zeitpunkt k
$\boldsymbol{y}_{S,WESM}$		Ausgangsvektor der zu steuernden Systemzustände des wankerweiterten linearen Einspurmodells

Zeichen	Einheit	Beschreibung
z_w	m	Abstand der Fahrzeugwankachse zum Fahrzeugschwerpunkt / Wankhebelarm
z_{WESM}		Störgrößenvektor des wankerweiterten linearen Einspurmodells

Griechische Symbole und Formelzeichen

Zeichen	Einheit	Beschreibung
β	rad	Schwimmwinkel
γ_i	rad/s² | rad/s	Konvergenzgeschwindigkeitsparameter der Gleitbedingungen für die Gierrate ($i = \dot{\psi}$) und für den Schwimmwinkel ($i = \beta$)
δ_h	rad	Achslenk- bzw. -spurwinkel an der Hinterachse
δ_H	rad	Lenkradwinkel
δ_{HAL}	rad	Aktorinduzierter Achslenk- bzw. -spurwinkel an der Hinterachse
δ_{ij}	rad	Lenk- bzw. Spurwinkel am Rad ij, $ij \in \{vl,vr,hl,hr\}$
δ_v	rad	Achslenk- bzw. -spurwinkel an der Vorderachse
$\delta_{v,F}$	rad	Fahrerinduzierter Achslenk- bzw. -spurwinkel an der Vorderachse
Δ		Matrix zur Berücksichtigung parametrischer Unsicherheiten in der Wirkung von Eingangsgrößen
ΔA_{st}	rad/s | rad	Stationärer Amplitudenfehler

Zeichen	Einheit	Beschreibung
ΔE	J	Zusatzenergie durch Sliding Mode-Regelung
$\Delta \delta_{VAL}$	rad	Aktorinduzierter Achslenk- bzw. -spurwinkel an der Vorderachse
$\Delta \varphi_{wg}$	rad	Verdrehwinkel des Wellengenerators des Wellgetriebes / des Vorderachsüberlagerungsaktors
$\Delta \Phi$	rad	Phasenverschiebung
ζ	–	Güteindex
η	–	Mittlerer Wirkungsgrad der Radmomentenantriebe
η_{ij}	–	Wirkungsgrad der Radmomentenantriebe am Rad ij, $ij \in \{vl, vr, hl, hr\}$
θ_{konv}	–	Parameter einer konvexen Definitionsmenge
$\iota_{G,ij}$	–	Motorindividuelle Getriebeübersetzung am Rad ij, $ij \in \{vl, vr, hl, hr\}$
ι_{HD}	–	Übersetzungsverhältnis des Wellgetriebes
ι_i	–	Aktorspezifisches Übersetzungsverhältnis ($i = VAL, HAL, Rad_{vl}, Rad_{vr}, Rad_{hl}, Rad_{hr}$)
μ_{max}	–	Maximaler Fahrbahnreibbeiwert
$\hat{\underline{\xi}}$	–	Adaptionsparametervekt. des Reglerentwurfsmodells
σ_i	–	Fehlerkovarianzen der Filtergrößen ($i = \hat{\psi}, \hat{\beta}, \hat{\varphi}, \hat{\dot{\varphi}}, \hat{c}_v, \hat{c}_h, \hat{z}_w$)

Zeichen	Einheit	Beschreibung
$\tau_{i,j}$		Koeffizienten der Zustandsgrößen und deren zeitlichen Ableitungen des Prädiktionsmodells der MPSA ($i = 0,1,2$; $j = 1(1)6$)
φ	rad	Wankwinkel des Fahrzeugaufbaus gegenüber der horizontalen Ebene
φ_{hr}	rad	Verdrehwinkel des Hohlrades des Wellgetriebes / der Ritzelwelle des Lenkgetriebes
φ_{sr}	rad	Verdrehwinkel des Sonnenrades des Wellgetriebes
$\phi_{sat,i}$	rad/s|rad	Reziproke Steigungen der Saturierungsfunktion des Sliding Mode-Reglers für die Gierrate ($i = \dot{\psi}$) und für den Schwimmwinkel ($i = \beta$)
$\chi_{0,j}$		Koeffizienten der Eingangsgrößen des Prädiktionsmodells der MPSA ($j = 1(1)6$)
ψ	rad	Gierwinkel
$\left(\dot{\psi}/\delta_H\right)_{st}$	1/s	Stationäre Gierverstärkung
$\nabla(.)$	–	Nabla-Operator

Indizes

Index	Beschreibung
A	Aktorallokation
HAL	Hinterachslenkung
hl	Linkes Rad der Fahrzeughinterachse

Index	Beschreibung
hr	Rechtes Rad der Fahrzeughinterachse
inst	Instationär
k	Diskreter Zeitpunkt
k_σ	Unter Berücksichtigung des Konfidenzintervallfaktors
man	Gesamtmanöver
max	Maximalwert
mess	Messgröße
min	Minimalwert
MPSA	Modellprädiktive Stellgrößenallokation
qual	Qualitativ
Rad	An den Fahrzeugrädern wirkend
ref	Referenzgröße
rel	Relativ
rst	Regelstrecke
S	Zu steuernd
soll	Sollgröße bzw. Aktorstellgröße
st	Stationär
UKF	Unscented Kalman Filter
VAL	Vorderachslenkung
virt	Virtuelle Stellgröße

Index	Beschreibung
vl	Linkes Rad der Fahrzeugvorderachse
vr	Rechtes Rad der Fahrzeugvorderachse
WESM	Wankerweitertes lineares Einspurmodell
x	Im Schwerpunkt in Fahrzeuglängsrichtung
y	Im Schwerpunkt in Fahrzeugquerrichtung
z	Im Schwerpunkt um Fahrzeughochachse
Ziel	Zielfunktion der modellprädiktiven Stellgrößenallokation

Abkürzungsverzeichnis

Abkürzung	Bedeutung
AESM	Adaptives, ebenes lineares Einspurmodell mit Adaption der Achssteifigkeiten
AWESM	Adaptives, wankerweitertes lineares Einspurmodell mit Adaption der Achssteifigkeiten
AWESM-WH	Adaptives, wankerweitertes lineares Einspurmodell mit Adaption der Achssteifigkeiten und des Wankhebelarms
AWESM-WH-FY	Adaptives, wankerweitertes lineares Einspurmodell mit Adaption der Achssteifigkeiten und des Wankhebelarms bei Korrektur durch Achsseitenkräfte
BK	Bremsen in der Kurve
FB	Regelung (im Engl. Feedback)
FF	(Vor)Steuerung (im Engl. Feedforward)

Abkürzung	Bedeutung
GSL	Gleitsinuslenken
IFS	Institut für Fahrzeugtechnik Stuttgart, Universität Stuttgart
KEWESM	Konstantparametrisches, wankerweitertes lineares Einspurmodell mit Modellierung von Rollsteuern und Achsseitenkraftdynamik
KWESM	Konstantparametrisches, wankerweitertes lineares Einspurmodell
KWESM-NOM	Konstantparametrisches, wankerweitertes lineares Einspurmodell mit nominellen Achssteifgkeiten
LEICHT	Lightweight Energy-efficient Integrative Chassis with Hub-motor Technology
LEICHT-P	Passives LEICHT-Fahrzeug mit Gleichverteilung der Radmomente
LRz	Lenkritzel
LWS	Lenkradwinkelsprung
MPSA	Modellprädiktive Stellgrößenallokation
NMK	Nominalmanöverkatalog
REF	Referenzfahrzeug
RMK	Robustheitsmanöverkatalog
RT	Radträger
RST	Regelstrecke
SHZ	Sinus mit Haltezeit
SL	Sinuslenken
SpS	Spurstange

Abkürzung	Bedeutung
UKF	Unscented Kalman Filter
WESM	Wankerweitertes lineares Einspurmodell
ZS	Zahnstange

Notation für physikalische Größen

x	Skalare Variable
$\dot{x}$	Zeitableitung
$\ddot{x}$	Zweifache Zeitableitung
$x^{(n)}$	Zeitableitung n-ter Ordnung
$\hat{x}$	Filtergröße
$\tilde{x}$	Fehlergröße
x_i	Vektoreintrag an i-ter Stelle
$\boldsymbol{x}$	Matrizen und Vektoren werden durch fett geschriebene Variablen gekennzeichnet
$\overline{\boldsymbol{x}}$	Erweiterter Vektor
$\boldsymbol{x}^{\mathrm{T}}$	Transponierte Matrix / Transponierter Vektor
X_{ij}	Matrixeintrag in i-ter Zeile und j-ter Spalte

Physikalische Größen sind grundsätzlich im SI-Einheitensystem angegeben. Stellenweise werden die im entsprechenden Zusammenhang gängigen Einheiten (wie z. B. km/h) verwendet.

Zusammenfassung

Aktive Fahrwerksysteme werden zur Verbesserung der Fahrsicherheit, der Fahrdynamik und des Fahrkomforts von Fahrzeugen eingesetzt. Durch aktive Systeme ist ein großes Potential gegeben, um das Fahrverhalten eines aktuierten Fahrzeugs an den Kundenwunsch und die Fahrsituation anzupassen. Es gilt jedoch stets, einen Zielkonflikt zwischen der aktiven Fahrverhaltensbeeinflussung und des dafür notwendigen Energiebedarfs zu lösen. Insbesondere in Bezug auf das beschränkte Energiespeichervermögen batterieelektrischer Fahrzeuge aber auch im Zuge der Einhaltung von Klimazielen kommt dem effizienten Umgang mit Energie eine besondere Bedeutung zu. Zur energieeffizienten Ansteuerung der Aktoren werden geeignete Fahrwerkregelsysteme benötigt.

Die vorliegende Arbeit stellt ein integriertes Fahrdynamikregelkonzept vor, mit dem der Zielkonflikt aus Fahrdynamikbeeinflussung und Aktorenergiebedarf auflösbar ist. Das Regelkonzept erfüllt dabei die zwei Hauptziele dieser Arbeit. Das erste Hauptziel ist die valide Regelung der ebenen Fahrdynamik von elektrifizierten Serienfahrzeugen mit aktiven Fahrwerksystemen. Das heißt, dass die Fahrdynamikregelung für das Rechenleistungsangebot der Steuergeräte und die verfügbaren Messgrößen der Sensorik ausgelegt ist, die in der Serienproduktion unter wirtschaftlichen Kostenaspekten vertretbar sind. Überdies werden der Aktorenergiebedarf und die Robustheit der Fahrdynamikregelung im Regelkonzept berücksichtigt. Unter der Robustheit ist die Erfüllung des Regelziels zu verstehen, auch wenn veränderliche Fahrzeug- und Umweltbedingungen auftreten. Dazu zählen beispielsweise Aktorausfälle, unterschiedliche Fahrzeugbeladungen oder plötzliche Änderungen der Fahrbahnbeschaffenheit. Das zweite Hauptziel konkretisiert das erste Hauptziel. In diesem Sinne ist die valide Fahrdynamikregelung dergestalt konzipiert, dass ein einfacher und schneller Auslegungsprozess ermöglicht wird. Dieser Prozess erlaubt eine gewinnbringende Anwendbarkeit der Fahrdynamikregelung im Fahrwerkentwicklungsprozess. Das heißt, die Fahrdynamikregelung gestattet die effiziente Applikation auf unterschiedliche Fahrzeuge mit einer Vielfalt an Fahrwerken und Aktorausstattungen über alle Phasen des Fahrwerkentwicklungsprozesses bis zum Einsatz im entwickelten Serienfahrzeug. Somit können in der Fahrwerkentwicklung verschiedene passive und aktive Fahrwerkkonzepte hinsichtlich fahrdynamischer, energetischer und wirtschaftlicher Aspekte bewertet, gegenübergestellt und abschließend für eine Detailentwicklung ausgewählt werden. Die beiden Hauptziele werden erfüllt, indem Synergiepotentiale zwischen den Hauptzielen identifiziert und zweckmäßig in der Konzeption der Fahrdynamikregelung und deren Auslegungsmethode berücksichtigt werden.

Eine Synergie der Hauptziele besteht zum einen zwischen der Robustheit der Fahrdynamikregelung und der effizienten Applikation der Regelung auf verschiedene Fahrzeuge. Beide Anforderungen beziehen sich auf Veränderungen der Regelstrecke. Diesen Veränderungen der Regelstrecke wird im Fahrdynamikregelkonzept dieser Arbeit durch eine Adaption der Parameter und Zustände des zum Reglerentwurf verwendeten Modells begegnet. Da die Reglerentwurfsmodelle lineare Einspurmodelle darstellen, sind zur Reglerapplikation lediglich deren geringe Anzahl an Parametern und die Aktor- und Lenkungseigenschaften der Regelstrecke zu bestimmen. Durch die Adaption des Reglerentwurfsmodells ist in jeder Fahrsituation eine optimale Steuerung und Regelung möglich, die auf den Prinzipien des Unscented Kalman Filters basiert. Veränderungen der Aktorik der Regelstrecke werden konzeptionell über eine modellprädiktive Stellgrößenallokation berücksichtigt. Darin wird zur Ermittlung der Aktorstellgrößen ein Optimierungsproblem gelöst. Die Formulierung von Nebenbedingungen des Problems erlaubt eine einfache Definition der ansteuerbaren Aktoren. Als weitere Synergie zwischen den Hauptzielen ist zum anderen die reglerinhärente Berücksichtigung des Energiebedarfs zur Aktoransteuerung innerhalb der Reglerauslegungsmethode nutzbar, um eine energieeffiziente Betriebsweise eines aktiven Fahrzeugs zu bestimmen. Damit wird im Fahrwerkentwicklungsprozess eine fahrdynamische und energetische Gegenüberstellung der Fahrwerkkonzepte ermöglicht, um systematisch ein konkretes Fahrwerkkonzept auszuwählen. Der Energiebedarf zur Aktoransteuerung ist im modellprädiktiven Optimierungsproblem zur Stellgrößenallokation zielgerichtet beeinflussbar.

Zur Realisierung einer effizienten Auslegungsmethode der Fahrdynamikregelung wird das Regelkonzept integriert gestaltet und in funktionelle Module gegliedert. Eine integrierte Fahrdynamikregelung zeichnet sich durch eine zentrale Einheit zur Berechnung der Aktorstellgrößen aus, die die dezentralen Aktoren der Regelstrecke ansteuert. Die geeignete Separation in funktionelle Module der Fahrdynamikregelung macht die Gesamtsystemkomplexität durch eine entwickelte Validierungs- und Auslegungsmethode beherrschbar und realisiert ein echtzeitfähiges System. Zur Vorgabe der Sollfahreigenschaften der Regelstrecke dient ein Referenzmodell. Nach dem Prinzip der Modellfolgeregelung setzt die Fahrdynamikregelung die Referenzdynamik durch geeignete Ansteuerung der Aktoren der Regelstrecke um.

In dieser Arbeit wird die integrierte Fahrdynamikregelung simulativ anhand eines komplexen Mehrmassenmodells eines urbanen Fahrzeugs mit innovativem, elektrifiziertem Fahrwerk validiert. Das Regelziel besteht in der Aufprägung der ebenen Fahrdynamik eines Oberklassefahrzeugs auf dieses Stadtfahrzeug. Dem Oberklassefahrzeug wird ein Fahrverhalten zugeschrieben, das vom Kunden als subjektiv positiv bewertet wird. Die Regelstrecke ist sowohl mit radindividuellen, elektrischen Antriebs- und Rekuperationsmotoren als auch einer aktiven Vorderachs- und Hinterachslenkung ausgestattet. Als Reglerentwurfsmodell bewährt sich ein wankerweitertes lineares Einspurmodell mit adaptiven Achssteifigkeiten und adaptivem Wankehebelarm. In querdynamischen Fahrmanövern bis zu Lenkradanregungsfrequenzen von 2 Hz wird bei rein adaptiver Steuerung der ebenen Fahrdynamik der Regelstrecke trotz veränderter Fahrzeugbeladung, Fahrbahnbeschaffenheit und Fehlinitialisierung des Filters sowie Aktorausfällen eine Übereinstimmung mit der Horizontaldynamik des Oberklassefahrzeugs von 91,0 % bis 99,7 % erreicht. Die Manöver prüfen dabei sowohl die Fahrt des geregelten Stadtfahrzeugs im linearen Bereich der Fahrdynamik als auch im Grenzbereich nahe der Kraftschlussgrenze ab. Insbesondere im nichtlinearen Fahrdynamikbereich kann durch Aufschaltung eines Sliding Mode-Regelanteils gegenüber einer rein adaptiven Steuerung eine weitere Erhöhung der Referenzmodellfolgegüte erzielt werden. Es wird nachgewiesen, dass durch die Gewichtung der Zielfunktionselemente der modellprädiktiven Stellgrößenallokation der Zielkonflikt zwischen Referenzmodellfolgegüte und Energiebedarf zielgerichtet aufzulösen ist. Auf Grundlage dieser Erkenntnis wird eine Methode vorgeschlagen, die im Fahrwerkentwicklungsprozess eine Auswahl geeigneter Fahrwerkkonzepte nach fahrdynamischen, energetischen und wirtschaftlichen Aspekten erlaubt.

Diese Arbeit weist zur Erfüllung der formulierten Hauptziele einen wissenschaftlichen Problemlösungsprozess auf. Dabei werden Zielsynergien identifiziert, die Fahrdynamikregelung dergestalt konzipiert, dass eine effiziente Auslegungsmethode resultiert und die Regelergebnisse bezüglich eines realistischen Fahrzeugmodells valide sind. Das entwickelte Fahrdynamikregelkonzept und dessen Methoden leisten einen wesentlichen Beitrag für einen effizienten Fahrwerkentwicklungsprozess und die kundenindividuelle Fahrverhaltensbeeinflussung von Serienfahrzeugen bis in den fahrdynamischen Grenzbereich. Für weitere Forschungsarbeiten wird eine Erweiterung der zu regelnden Fahrzeugfreiheitsgrade um beispielsweise die Wank-, Nick- und Hubdynamik vorgeschlagen. Dazu werden zusätzliche Aktoren, wie z.B. aktive Stabilisatoren, aktive Federn und aktive Dämpfer, benötigt. Durch die modulare Konzeption der Fahrdynamikregelung und die Auslegungsmethoden ist ein mächtiges Werkzeug zur systematischen Erweiterung der Anwendbarkeit auf zusätzliche Fahrzeugfreiheitsgrade und Aktoren gegeben.

Abstract

Active suspension systems are applied to improve the vehicles' driving safety, driving dynamics and driving comfort. These systems offer a major potential to adapt the driving behaviour of an actuated vehicle to customer requests and the driving situation. However, a conflict of objectives between the active influence of driving behaviour and the associated energy demand has to be solved. Especially with reference to the limited energy storage capacity of battery electric vehicles but also concerning climate targets, the efficient use of energy is of major importance. In order to control the actuators of active suspension systems energy-efficiently, appropriate suspension control systems are required.

The present work introduces an integrated driving dynamics control concept that is valid to resolve the conflict of objectives between the active influence of driving behaviour and the concomitant actuators' energetic demand. The control concept fulfills the two main objectives of this work. The first main objective is the valid control of the horizontal driving dynamics of electrified series vehicles with active suspension systems. This means, that the driving dynamics control is applicable in the context of the computing power of commercially viable automobile control units and the available measured quantities of economically feasible series production sensors. Moreover, the actuators' energetic demand and robustness of the driving dynamics control are considered within the control concept. Robustness means, that the control objective is fulfilled, even in the presence of altered vehicle and environment conditions. This includes, for example, actuator failure, different vehicle loading and abrupt changes in road conditions. The second main objective substantiates this work's first main goal. In that sense, the valid driving dynamics control is designed in such a way, that a simple and fast application process is enabled. This process is the basis to apply the driving dynamics control advantageously within the chassis development process. More precisely, the driving dynamics control realises the efficient application to different vehicles with a variety of chassis and actuators throughout all stages of the chassis development process up to the use in the developed series vehicle. Thus, in the chassis development, different passive and active chassis concepts can be evaluated, compared and finally selected for further and detailed development. The aspects of evaluation, comparison and selection concern driving dynamics, energy demands and economic costs. Both main objectives are fulfilled by identifying synergy potentials between the main objectives and considering them appropriately in the conception of the driving dynamics control and in its application method.

On the one hand, one of the main objectives' synergies exists between the robustness of the driving dynamics control and the control's efficient application to different vehicles. Both requirements refer to changes in the controlled plant. These changes in the plant are considered via the adaption of parameters and states within the control model. Since the control models in this work are linear single-track models, only their few number of parameters as well as the characteristics of the plant's actuators and steering system have to be determined. The adaption of the control model's parameters and states allows an optimal control of the horizontal driving dynamics in any driving situation on the basis of the Unscented Kalman Filter. The control law combines an adaptive feedforward and a robust feedback sliding mode control with proportional gains. The robust control's feedback part is calcuated by use of the filtered states. The effective feedback gains define the control intensity on the basis of the slopes and deadzones of the underlying feedback saturation function. By the subjectively validated choice of these feedback design parameters, it is contributed to a natural, traceable and unintrusive driving impression. Changes in the composition of the plant's actuators are conceptually considered via a model predictive control allocation. This allocation solves an optimization problem to determine the actuators' control inputs. The optimization problem is formulated convex quadratically, in order to achieve real-time capability. The solution takes into account prediction models of the actuator's dynamic generation of forces and torques to the plant's center of gravity. These dynamics are composed of actuator and tire force dynamics. The actuators, that should be considered for control, are defined in the optimization problem's constraints.

On the other hand, as a further synergy of this work's main objectives, the control inherent consideration of the actuator's energetic demand is used to determine energy-efficient operational strategies of an active vehicle. Thus, a comparison of chassis concepts with reference to aspects of driving dynamics and energy demands in the chassis development process can be realised, in order to systematically select a precise chassis concept. The actuators' energy demand is deliberately manipulable within the allocation's convex quadratic optimization problem. Therefore the optimization objective function consists of a weighted sum of primary and secondary objective summands. To prioritise driving dynamics or energetic goals, the weighting factors of the objective function are choosen appropriately. The primary objectives are characterised by quadratic differences between the interface values from the adaptive controller and the predicted and actuator induced nominal forces and torques on the plant. These interface values are referred as virtual control inputs. They represent desired forces and torques on the plant's center of gravity in order to fulfill the control goal. Additionaly, secondary objectives like the quadratic control input costs and the traction motor's mean degree of efficiency are considered.

In order to obtain an efficient application method of the driving dynamics control, the control concept is designed as an integrated system and structured in functional modules. An integrated driving dynamics control is characterised by a central unit to calculate the control inputs, which are fed to the plant's decentralized actuators. The appropriate separation into functional modules of the driving dynamics control manages the control's holistic complexity via a developed validation and application method. Moreover, a real-time system is realised. The definition of the control objective is based on driving dynamics reference models, according to the concept of model-based tracking control. The driving dynamics of these models serve as reference values to the integrated vehicle dynamics control. The driving dynamics control calculates the actuators' control inputs in such a way, that the reference dynamics is realised by the plant.

Within the framework of this work, the integrated driving dynamics control is validated in computer simulations on the basis of a complex multibody model of an urban electric vehicle with innovative suspension system. The control objective is to impress the horizontal driving dynamics of an upper class reference vehicle on this urban car. The upper class vehicle's driving behaviour is accredited to be assessed positively by the driver. The plant is equipped with all-wheel electric traction and recuperation motors as well as electromechanical (superimposed) steering systems at the front and rear axle. Substantial to realise an efficiently and robustly solvable convex quadratic optimisation problem in the context of active steering actuators is the choice of a control model with a linear description of the relation between the steering angle and the induced lateral tire force. The approved control model is a roll-extended linear single-track model with adaptive lateral cornering stiffnesses and an adaptive roll lever. The validation method of the driving dynamics control concept investigates the driving states filtering, the adaptive feedforward control, the combined adaptive feedforward and robust feedback control and the trade-off between reference model tracking and the actuators' energy demand at four hierarchical levels. The validation's basis is a quantitative and qualitative valuation in defined driving maneuvers in the linear and nonlinear range of driving dynamics at nominal and altered plant conditions.

The simulation results on the basis of the adaptive feedforward control within lateral dynamics driving maneuvers up to steering excitation frequencies of 2 Hz prove accordances of 91.0 % to 99.7 % between the horizontal driving dynamics of the controlled car and the upper class reference vehicle. The driving maneuvers investigate both the controlled urban vehicle's behaviour in the linear range of driving dynamics and the nonlinear range near the adhesion limit. An additional sliding mode feedback control part versus the pure adaptive feedforward control part effects an exemplary increase of the reference model tracking accordance by 0.2 % with respect to the linear and by 2.3 % regarding the nonlinear range of driving dynamics. The validity of the plant's filtered states and the control model's adaption parameters contribute substantially to this improvement. The underlying feedback controlled maneuvers are sine and chirp steering at velocities from 30 to 120 km/h and steering excitation frequencies from 0.5 to 2 Hz. With regard to combined lateral and longitudinal maneuvers, a potential for improvement can be stated. This potential can likely be utilised with an explicit modelling of the longitudinal and pitch dynamics within the control model and an appropriate definition of additional adaption parameters. The accordance of the nominal plant's and the reference model's horizontal driving dynamics is 94.8 % in average.

The validation of the driving dynamics control concept validates, that the weighting of the elements in the model predictive control allocation's objective function can be chosen purposively to resolve the conflict of objectives between the reference model tracking quality and the actuators' energy demand. In more detail, due to the relative weighting of the quadratic control input costs versus the primary control objectives, the reduction of additional actuator energy yields -97.5 % within a chirp maneuver at 80 km/h. At the same time, the decrease in control quality turns out to be only -1.2 %. On the basis of the validated, selectively resolvable trade-off, a method is proposed, which describes the choice of appropriate chassis concepts in the chassis development process according to driving dynamics, energetic and economic aspects.

This work shows a scientific problem solving process to fulfill the defined main objectives. This process involves the identification of target synergies, the conception of the driving dynamics control to realise an efficient application method and the validity of the control results with respect to a realistic vehicle model.

The developed driving dynamics control and its validation and application methods contribute significantly to an efficient chassis development process and the customized suggestibility of series vehicles' driving characteristics up to the adhesion limits of driving dynamics. With regard to further research, the expansion of vehicles' controlled degrees of freedom by roll, pitch and hub is suggested. For that purpose, additional actuators, such as active anti-roll bars, active-suspensions and active dampers are required. The modular conception and application methods of this work's driving dynamics control concept serve as a powerful basis to systematically realise the expansion to the control of additional vehicle degrees of freedom and of additional actuators.

1 Einleitung

1.1 Motivation und Problemstellung

Aktive Fahrwerksysteme werden zur Verbesserung der Fahrsicherheit, der Fahrdynamik und des Fahrkomforts von Fahrzeugen eingesetzt [57]. Sie bieten die Möglichkeit, Unfälle im Sinne der aktiven Sicherheit zu vermeiden, die Fahreigenschaften gezielt zu beeinflussen oder den Fahrer bei der Fahrzeugführung zu unterstützen [44]. Durch aktive Fahrwerksysteme besteht ein hohes Potential zur Beeinflussung des Fahrverhaltens [120] und damit der Differenzierung von Fahreigenschaften am Markt. Zur Ansteuerung der aktiven Fahrwerksysteme werden Fahrwerkregelsysteme benötigt.

Unter den Systemen zur Erhöhung der aktiven Fahrsicherheit sind beispielsweise das 1978 eingeführte Antiblockiersystem (ABS) und das 1995 vorgestellte Elektronische Stabilitätsprogramm (ESP) zu nennen, die auf Basis aktiver Bremseingriffe arbeiten [44, 131]. Die erstmalig 2003 in Serie eingesetzte Vorderachsüberlagerungslenkung erlaubt die Aufbringung eines fahrerunabhängigen Zusatzlenkwinkels [44]. Dadurch können eine variable Lenkübersetzung zur Veränderung des Fahrzeuggierverhaltens oder eine situationsgerechte Erzeugung von Seitenkräften an der Vorderachse zur Stabilisierung und Fahreigenschaftsvorgabe realisiert werden. Gepaart mit einer aktiven Hinterachslenkung (Serieneinführung 1985) wird die unabhängige Beeinflussung der Quer- und Gierbewegung des Fahrzeugs realisierbar [44, 99]. Eine Fahrzustandsstabilisierung oder die Erzeugung definierter Fahreigenschaften wird somit ermöglicht. Eine variable Radmomentenverteilung über elektrische Antriebe (im Englischen Torque Vectoring) kann ebenfalls zur Umsetzung von Maßnahmen zur Erhöhung der Fahrsicherheit und der gezielten Fahreigenschaftsbeeinflussung in Längs- und Gierrichtung genutzt werden [44].

Um die steigende Zahl an aktiven Fahrwerksystemen zur Fahrdynamikbeeinflussung und die damit einhergehende Komplexität in deren funktioneller Nutzung beherrschbar zu machen, werden integrierte Fahrdynamikregelungen eingesetzt. Eine integrierte Fahrdynamikregelung ist hierarchisch und modular strukturiert. Sie besitzt übergeordnete, zentrale Fahrzeugfunktionen und untergeordnete, dezentrale Aktorfunktionen. Auf Ebene der zentralen Fahrzeugfunktionen erfolgt die Berechnung der Schnittstellengrößen für ein Modul zur Stellgrößenverteilung

A. G. Fridrich, *Ein integriertes Fahrdynamikregelkonzept zur Unterstützung des Fahrwerkentwicklungsprozesses*, Wissenschaftliche Reihe Fahrzeugtechnik Universität Stuttgart, https://doi.org/10.1007/978-3-658-32274-8_1

in der Weise, dass die auf Gesamtfahrzeugebene definierte Sollfahrdynamik umgesetzt wird. Die Schnittstellengrößen sind in der Regel Kraft- bzw. Momentvorgaben bezüglich des Fahrzeugschwerpunktes der Regelstrecke. Das Stellgrößenallokationsmodul bestimmt die Stellgrößen der Aktoren durch die fahrsituationsabhängige Zuordnung der Schnittstellengrößen. Das heißt, es werden Radmomente, Aktivlenkwinkel, etc. bestimmt, die definierte Längs- und Querkräfte bzw. Giermomente um die Fahrzeughochachse, etc. erzeugen. Die Aktorfunktionen bzw. -regler setzen diese Stellgrößen dynamisch um. [124, 125]

Zur Verknüpfung der Zieldefinition der Fahrdynamikregelung und deren Realisierung über die Ansteuerung der aktiven Fahrwerksysteme kann das Regelkonzept der Modellfolgeregelung Anwendung finden [21, 73]. Ein definierbares Referenzmodell bildet die Zielfahreigenschaften der Regelstrecke ab. Die Wunschdynamik entstammt dem Lastenheft des Fahrzeug- oder Fahrwerkentwicklungsprozesses [44]. Die Fahrereingaben werden dem Referenzmodell zugeführt, das die Fahrdynamikgrößen als Sollvorgabe an den Fahrdynamikregler liefert. Das Konzept der Modellfolgeregelung erlaubt somit eine Modularisierung in die Definition der Sollvorgabe der Fahrdynamik und deren Realisierung über die gezielte Ansteuerung der Fahrwerksaktoren. Die Realisierung der Fahreigenschaften erfolgt effektiv über die hierarchische, integrierte Fahrdynamikregelung.

Durch eine Aufteilung der Regelfunktionen auf mehrere Module wird eine Reduktion der Gesamtsystemkomplexität unter gleichzeitiger Potentialerschließung der holistischen Systemfunktionalität erreicht. Dadurch entsteht jeweils ein Modul zur Vorgabe der Referenzfahrdynamik, zur zentralen Bestimmung der Schnittstellengrößen, zur Zuordnung der Schnittstellengrößen zu den Aktorstellgrößen und zur Realisierung der Stellgrößenvorgaben der Aktoren. Durch eine modellbasierte Abbildung der Aktorstellgrößen auf die physikalischen Schnittstellengrößen zur Umsetzung der zentralen Fahrzeugfunktion werden die Wechselwirkungen der Aktorsysteme berücksichtigt und können gegenüber einer Vernetzung aktorindividueller Regelsysteme mit erhöhter Effizienz zur Fahrverhaltensaufprägung genutzt werden [124, 125].

Insgesamt kann das Potential zur Fahreigenschaftsbeeinflussung durch eine integrierte Fahrdynamikregelung mit Modellfolge bestmöglich genutzt und das Fahrverhalten von Fahrzeugen zielgerichtet an den Kundenwunsch angepasst werden.

Die Definition der kundenrelevanten Sollfahreigenschaften und die Auslegung der Fahrdynamikregelung erfolgen im Fahrzeug- oder Fahrwerkentwicklungsprozess. Dieser Prozess ist durch eine zunehmende Modell- und Komponentendiversifizierung bei gleichzeitiger Verkürzung der Entwicklungszeiten gekennzeichnet [44, 93]. In Bezug auf die Entwicklung und Applikation von Fahrwerkregelsystemen bedeutet dies eine Bewältigung steigender Komplexität in kürzerer Zeit. Nach Mihailescu [86] ist die Fahrwerkregelsystementwicklung im Fahrwerkentwicklungsprozess zeitkritisch, da sie ein konkret entwickeltes Fahrwerk voraussetzt. Dieses Fahrwerk steht erst zu einem fortgeschrittenen Zeitpunkt des Fahrwerkentwicklungszyklus zur Verfügung. Da durch aktive Fahrwerksysteme das kundenrelevante Fahrverhalten gezielt beeinflussbar ist [120] und dadurch zur Marktdifferenzierung beigetragen werden kann, kommt der effizienten Entwicklung und Auslegung von Fahrwerkregelsystemen zur Ansteuerung aktiver Fahrwerksysteme eine hohe Bedeutung zu. In diesem Sinne werden Regelsysteme benötigt, die die Komplexität und Variantenvielfalt an Fahrzeugen, Fahrwerken und aktiven Fahrwerksystemen beherrschbar machen und eine effiziente, methodische Auslegung erlauben.

1.2 Zielsetzung und Zielanforderungen

Die Zielsetzung der vorliegenden Arbeit ist die Ableitung eines Fahrdynamikregelkonzepts zur Umsetzung einer definierbaren Längs- und Querdynamik über die geeignete Ansteuerung aktiver Fahrwerksysteme elektrifizierter Fahrzeuge. Auf diese Weise kann einem mit aktiven Fahrwerksystemen ausgestatteten urbanen Kleinfahrzeug beispielshalber das längs- und querdynamische Fahrverhalten einer Oberklasselimousine aufgeprägt werden. Das Fahrverhalten des Stadtfahrzeugs wird dadurch dem subjektiv positiver bewerteten Fahrverhalten der Oberklasselimousine angeglichen. Dies ist das Anwendungsziel dieser Abhandlung. Zur Erschließung des Potentials aktiver Fahrwerksysteme soll die Fahrdynamikregelung integriert ausgeführt werden und auf der Modellfolgeregelung eines expliziten Referenzmodells basieren. Das Referenzmodell weist subjektiv positiv bewertete Fahreigenschaften auf. Für den Serieneinsatz des Fahrdynamikregelkonzepts wird eine robuste Funktionsweise gefordert. Das bedeutet, dass das Regelziel der definierten Fahrdynamikbeeinflussung der Regelstrecke auch dann hinreichend gut erfüllt werden muss, wenn vom Auslegungsfall abweichende Bedingungen der Regelstrecke vorliegen [79]. Für den Einsatz des Regelkonzepts in der Serie ist eine minimale Rechenleistungsanforderung der Fahrzeugsteuergeräte anzustreben, um die Wirtschaftlichkeit zu wahren. Zudem soll zur Fahrzustandserfassung vorwiegend auf preiswerte Serienmesstechnik zurückgegriffen werden. Dem begrenzten Energiespeicherangebot elektrisch betriebener Fahrzeuge und Umweltaspekten ist durch die Berücksichtigung des Energiebedarfs bei der Ansteuerung der Fahrwerksaktoren der Regelstrecke zu begegnen.

Der in Kapitel 2 wiedergegebene Stand der Technik zur integrierten Fahrdynamikregelung mit Modellfolge erfüllt die genannte Zielsetzung prinzipiell. Um den Anforderungen der verkürzten Entwicklungszeiten bei steigender Komplexität aus dem Fahrzeug- und Fahrwerkentwicklungsprozess gerecht zu werden, soll in dieser Arbeit die Auslegungsmethode des Fahrdynamikregelkonzepts in den Fokus rücken. Diese Methode soll derart gestaltet sein, dass eine systematische und effiziente Applikation der Fahrdynamikregelung auf die Regelstrecke ermöglicht wird. Daher ist die Struktur des Regelkonzepts so festzulegen, dass ein minimal zeitintensiver und anschaulicher Auslegungsprozess resultiert. Der wissenschaftliche Beitrag dieser Arbeit besteht demnach in der systematischen Ableitung des Regelkonzepts und seiner Methoden zur Realisierung einer effizienten Reglerauslegung. Der aktorische Energiebedarf stellt neben der Güte der Referenzmodellfolge das Schlüsselkriterium bei der Auslegung der Fahrdynamikregelung dar. Die über die Wahl der Regelkonzeptstruktur und die Applikationsmethode realisierbare, effiziente Auslegung der Fahrdynamikregelung für verschiedene Fahrzeuge und verschiedene Aktorausstattungen kann die Fahrwerkkonzeptauswahl im Fahrwerkentwicklungsprozess maßgeblich unterstützen. In diesem Sinne können in den frühen Phasen der Entwicklung passive und mit aktiven Fahrwerksystemen ausgestattete Fahrwerkkonzepte gegenübergestellt und fahrdynamisch, energetisch und wirtschaftlich evaluiert werden. Konzepte mit maximalem, gesamtheitlichen Potential können identifiziert und zielgerichtet weiterentwickelt werden.

Das zu entwickelnde Fahrdynamikregelkonzept und die Auslegungsmethode sollen daher einen Beitrag zur Effizienzsteigerung des Fahrwerkentwicklungsprozesses leisten, indem Synergieeffekte aus passiven und aktiven Fahrwerkselementen durch die Auslegungsmethode früher bewertbar werden. Insgesamt wird durch die Einsetzbarkeit des zu entwickelnden Fahrdynamikregelkonzepts von der Fahrwerkkonzeptgegenüberstellung bis zur Applikation auf die finale Regelstrecke eine Durchgängigkeit in der Anwendbarkeit des Regelsystems im Fahrzeug- oder Fahrwerkentwicklungsprozess realisiert.

2 Grundlagen, Stand der Technik und Forschungsansatz

Innerhalb dieses Kapitels werden zunächst die Grundlagen der aktiven Fahrwerksysteme vorgestellt, die für diese Arbeit relevant sind. Regelkonzepte zur fahreigenschaftsbasierten Ansteuerung von Aktorsystemen des Fahrwerks werden anschließend im Stand der Technik zur integrierten Fahrdynamikregelung mit Modellfolge aufgezeigt. Aus dem Abgleich der Zielsetzung und der Zielanforderungen dieser Arbeit mit dem Stand der Technik leitet sich der Forschungsansatz ab.

2.1 Grundlagen aktiver Fahrwerksysteme

2.1.1 Vorderachsüberlagerungslenkung

Das Lenkungssystem stellt für den Fahrer ein wesentliches Instrument zur Fahrzeugführung und –stabilisierung dar [44]. Durch eine Spurwinkelbeeinflussung über das Lenkrad kann der Fahrer eine Seitenkraft an der Vorderachse des Fahrzeugs und damit ebenfalls ein Giermoment um die Fahrzeughochachse erzeugen. Dadurch wird die die Fahrzeugquerdynamik unmittelbar gesteuert. Die aktive Seitenkrafterzeugung an der Vorderachse erfolgt durch eine Winkelüberlagerung der Fahrerlenkeingabe mit einer Überlagerungslenkung. Damit kann die resultierende Verdrehung der Vorderräder um die Lenkachsen vorgegeben werden. In Abhängigkeit davon, ob ein Steer-by-Wire-System ohne mechanischen Durchgriff oder eine mechanische Kopplung zwischen Lenkrad und der Vorderachse betrachtet wird, unterscheidet sich das Prinzip der Überlagerung. Da die Redundanz- und Sicherheitsmaßnahmen hinsichtlich Steer-by-Wire-Systemen komplex sind [99], wird ein mechanisches Lenkungssystem für diese Arbeit vorgesehen. Die Lenkwinkelüberlagerung in mechanischen Lenkungssystemen wird in der Praxis durch die Integration eines Überlagerungsgetriebes in den Lenkstrang oder das Lenkgetriebe erreicht [99]. Durch das Überlagerungsgetriebe wird ein zusätzlicher Freiheitsgrad in das Lenkungssystem eingebracht, der zur Überlagerung des Fahrerlenkwinkels durch einen aktorinduzierten Lenkwinkel gezielt zur Fahrdynamikbeeinflussung nutzbar ist.

© Der/die Herausgeber bzw. der/die Autor(en), exklusiv lizenziert durch Springer Fachmedien Wiesbaden GmbH, ein Teil von Springer Nature 2020
A. G. Fridrich, *Ein integriertes Fahrdynamikregelkonzept zur Unterstützung des Fahrwerkentwicklungsprozesses*, Wissenschaftliche Reihe Fahrzeugtechnik Universität Stuttgart, https://doi.org/10.1007/978-3-658-32274-8_2

Zur Winkelüberlagerung an der Vorderachse wird ein Wellgetriebe eingesetzt. Das Wellgetriebe stellt ein Planetengetriebe mit zwei Eingängen und einem Ausgang dar [99]. Die Getriebeeingangswellen sind mit dem Sonnenrad und dem Planetenrad verbunden. Die Getriebeausgangswelle ist mit dem Hohlrad des Wellgetriebes verknüpft. Die Verdrehung der hohlradseitigen Ritzelwelle φ_{hr} wird von der sonnenradseitigen Rotation φ_{sr} der Getriebeeingangswelle und der planetenradseitigen Überlagerungsrotation $\Delta\varphi_{wg}$ bestimmt, vgl. Abbildung 1. Das Planetenrad wird bezüglich Wellgetrieben als Wellengenerator bezeichnet [99]. Die Rotation des Sonnenrades φ_{sr} resultiert aus der Momentenwirkung des Fahrerlenkradwinkels δ_H und des Wellgetriebes auf das Sonnenrad. Aufgrund der Länge der Lenksäule sind deren Trägheit, Steifigkeit und Dämpfung zu berücksichtigen [98]. Die Verdrehung des Wellengenerators wird vom elektromotorischen Überlagerungsaktor zeitabhängig vorgegeben und von der Fahrdynamikregelung definiert. Die resultierende Rotation der Ritzewelle induziert über eine Zahnradpaarung des Lenkritzels (LRz) und der Zahnstange (ZS) eine translatorische Bewegung der Zahnstange s_{VAL} und der Spurstangen (SpS). Diese Bewegung verdreht über Spurhebel (SpH) die Radträger um die Lenkachsen und erzeugt somit die Lenk- bzw. Spurwinkelbewegung δ_{vl} des Radträgers (RT) [99].

Für diese Abhandlung wird von der in Abbildung 1 dargestellten, lenkgetriebenahen Integration des Wellgetriebes in das Lenkungssystem ausgegangen. Die Anordnung realisiert eine möglichst kurze Ritzelwelle. Dies hat hohe Torsionseigenwerte bei moderater Torsionsdämpfung und damit eine geringe dynamische Verzögerung des überlagerten Verdrehwinkels zur Folge. Durch die geringen Reibmomente von Wellgetrieben ergeben sich positive Eigenschaften hinsichtlich der Lenkungsrückstellung und des Straßenfeedbacks [99]. Die Position des elektrischen Überlagerungsaktors wird ohne Anliegen eines elektrischen Stroms aus Sicherheitsgründen verriegelt [14, 99]. Damit kann bei Aktorausfall keine Winkelüberlagerung vorgenommen werden. Der elektrische Aktor verfügt über einen Sensor zur Winkelpositionsbestimmung [99, 135]. Der Ritzelwinkel und der Lenkradwinkel werden zudem sensorisch erfasst [57, 99].

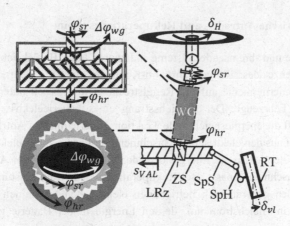

Abbildung 1: Schema einer Vorderachsüberlagerungslenkung mit Wellgetriebe, Prinzip des Wellgetriebes mit Draufsicht (links unten)

2.1.2 Hinterachslenkung

Eine aktive Hinterachslenkung kann eine gezielte Beeinflussung der Fahrstabilität, Agilität und Manövrierbarkeit von Fahrzeugen bewirken [135]. Insbesondere in untersteuernden Fahrsituationen kann durch eine entsprechende Ansteuerung das Potential zur aktiven Erzeugung von Seitenkräften an der Hinterachse ausgeschöpft werden. In dieser Arbeit wird ein Zentralsteller mit achsparallel angeordneter Hubstange eingesetzt [99]. Die Hubstange entspricht der Zahnstange in Bezug auf die Vorderachsüberlagerungslenkung. Ein elektromotorischer Antrieb bewirkt eine aktive Verschiebung der Hubstange. Im Gegensatz zur Vorderachse existiert keine Beeinflussbarkeit der Hubstangenbewegung durch eine Fahrereingabe. Die Hubstange verbindet die Hinterräder über Spurstangen und Spurhebel mechanisch. Durch translatorische Bewegung der Hubstange wird analog zur Vorderachslenkung eine Rotationsbewegung der Hinterräder um die Lenkachsen erzeugt. Im Zentralsteller bewirkt ein Trapezgewindetrieb über ein Zahnriemengetriebe die Translation der Hubstange [99]. Die Selbsthemmungseigenschaft des Trapezgewindetriebs stellt die stromlose Verriegelung der Hubstangenposition bei ausbleibendem Aktorantrieb aus Sicherheitsaspekten sicher [14, 99]. Neben der Messung des Aktormoments zur Ansteuerung der Hubstange wird deren Position sensorisch erfasst [99].

2.1.3   Elektrische Antriebs- und Rekuperationssysteme

Radantreibende und -bremsende Systeme induzieren unter Berücksichtigung der Kraftschlussgrenze des Reifen-Fahrbahn-Kontaktes gezielt Längskräfte und folglich auch Giermomente auf die Regelstrecke. Diese Arbeit untersucht batterieelektrische Fahrzeuge. Der Antriebsstrang eines batterieelektrischen Fahrzeugs verknüpft die energiespeichernde Traktionsbatterie mit den Antriebswellen [62]. Er besteht aus den elektrischen Maschinen und der Leistungselektronik, die die bereitgestellte elektrische Energieform der Fahrzeugbatterie im Antriebsfall auf die der Maschinen anpasst. Bei Rekuperation wandelt die Leistungselektronik den von den generatorisch betriebenen elektrischen Maschinen erzeugten Wechselstrom in Gleichstrom um, dessen Energie in der Batterie gespeichert wird.

Für den Fahrzeugeinsatz sind permanenterregte elektrische Synchronmaschinen geeignet, die als aktive Fahrwerksysteme in dieser Arbeit vorgesehen werden. Sie bringen die höchsten Wirkungsgrade, Leistungsdichten und einen geringen Verschleiß mit sich [62]. Der Wirkungsgrad der elektrischen Maschine ist von vielen Größen abhängig, von denen die relevantesten die Motordrehzahl und das Motormoment, aber auch Temperaturen, etc. sind [16]. Insgesamt spielen für die Auswahl und Auslegung des elektrifizierten Antriebsstranges viele Kriterien eine Rolle, von denen die wichtigsten durch die Wirkungsgradcharakteristik und die Leistungsdichte für den Auslegungsfahrzyklus gegeben sind [62]. Die Dynamik des Momentenaufbaus permanenterregter Synchronmaschinen liegt im Bereich von Zeitkonstanten um 10 ms [122], wobei eine starke Abhängigkeit von den Kommunikationsschnittstellen besteht.

2.1.4   Aktive Bremssysteme

Aktive Bremssysteme werden zur Erzeugung von Radbremsmomenten benötigt, deren Dynamik oder Betrag nicht oder nicht ausreichend durch elektromotorische Rekuperation realisiert werden kann. Je nach physikalischem Prinzip des Bremsmomentenaufbaus am Rad wird in elektropneumatische, elektrohydraulische oder elektromechanische Bremssysteme unterschieden [20]. Durch die standardmäßig in Fahrzeugen verbauten hydraulischen Bremssysteme wird eine Überlagerung von fahrerinduzierten und aktiv gesteuerten Bremsmomenten bei der elektrohydraulischen Bremse konzeptionell vereinfacht. Zur aktiv angesteuerten Umsetzung von Bremsmomenten, die die Rekuperationsleistung des elek-

trischen Antriebsstrangs übersteigen, kommen daher vorzugsweise elektrohydraulische Bremssysteme mit hoher Systemdynamik zum Einsatz [57, 131]. Ein
elektrohydraulisches Bremssystem steuert die hydraulisch aufgebaute Brems-
kraft elektronisch an [20]. Dieses System soll in in dieser Arbeit verwendet
werden.

Nachfolgend werden echtzeitfähige und in Serie angewandte Konzepte der integrierten Fahrdynamikregelung mit Modellfolge beschrieben.

2.2 Stand der Technik der integrierten Fahrdynamikregelung

Dieser Abschnitt zeigt den Stand der Technik zur integrierten Fahrdynamikregelung mit Modellfolge auf. In Abbildung 2 ist die prinzipielle Struktur dieses
Regelkonzepts dargestellt, wie diese z. B. in [73, 86, 124] beschrieben wird.

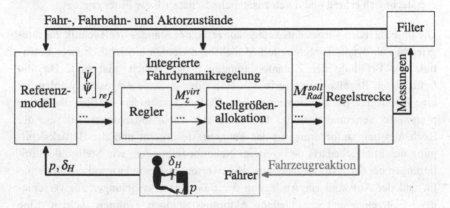

Abbildung 2: Prinzipstruktur einer integrierten Fahrdynamikregelung mit
Referenzmodellfolge

Aus Abbildung 2 geht das in der Einleitung beschriebene Prinzip der integrierten
Fahrdynamikregelung mit Modellfolge hervor. Ein fahrdynamisches Referenzmodell gibt in Abhängigkeit des Fahrzustandes (z. B. Fahrgeschwindigkeit) und
der Fahrereingaben (z. B. Fahrpedalstellung p, Lenkradwinkel δ_H) eine Referenzdynamik vor. Das Referenzmodell bildet die Zielfahreigenschaften der
Regelstrecke ab. Die Referenzdynamik soll durch geeignete Ansteuerung der
Aktoren der Regelstrecke umgesetzt werden und entspricht beispielsweise einer

Gierdynamik $[\dot{\psi}, \ddot{\psi}]^T_{ref}$. Die erste zentrale Einheit des integrierten Fahrdynamik-reglers ist der Regler, der aus der Referenzdynamik und den Fahrzustandsgrößen die Schnittstellengrößen zu der Stellgrößenallokation berechnet. Bezüglich der Steuerung der Gierdynamik ist die Schnittstellengröße üblicherweise ein virtu-elles Giermoment M_z^{virt}. Dieses Giermoment entspricht einer virtuellen Stell-größe, da sie durch die Stellgrößenallokation in eine reale Aktorstellgröße umge-rechnet wird. Das Modul zur Stellgrößenallokation ist die zweite zentrale Einheit des integrierten Fahrdynamikreglers. Die Stellgrößenallokation bestimmt fahr- und aktorzustandsabhängig die realen Stellgrößen (z. B. die Radmomente der Elektromotoren und mechanischen Bremsen M_{Rad}^{soll}), die zur Realisierung der vir-tuellen Stellgrößen und somit der Referenzdynamik umzusetzen sind. Die realen Stellgrößen sind die Schnittstellen zu den Aktoren der Regelstrecke. Aktorindivi-duelle, unterlagerte Regler realisieren die realen Stellgrößen mit der spezifischen Aktordynamik. Informationen über den Fahr- und Fahrbahnzustand und die Zu-stände der Aktoren werden, sofern die Kosten wirtschaftlich vertretbar sind, messtechnisch erfasst und durch zusätzliche Schätzer bzw. Filter ergänzt.

Die im Folgenden vorgestellten Regelkonzepte des Standes der Technik zur inte-grierten Fahrdynamikregelung mit Modellfolge werden hinsichtlich ihres Poten-tials zur Erfüllung der Zielanforderungen dieser Arbeit analysiert. Da alle betrachteten Regelkonzepte seriennah sind oder in Serie eingesetzt werden, ist eine Robustheit der Konzepte gegeben. Zudem verwenden die Regelkonzepte preiswerte Serienmesstechnik. Im Sinne der Zielanforderungen gilt es, die Rechenleistungsanforderung an das Fahrzeugsteuergerät und die Berücksichti-gung des Energiebedarfs und weiterer Nebenbedingungen, wie Stellgrößenlimi-tierungen bei der Aktoransteuerung, zu bewerten. Insbesondere soll die Systema-tik und der Aufwand zur Auslegung der Fahrdynamikregelungen für verschie-dene Fahrzeuge und verschiedene Aktorausstattungen evaluiert werden. Eine effiziente Auslegungsmethode ist hinsichtlich sich stets verkürzender Entwick-lungszeiten und einer steigenden Variantenvielfalt an Fahrzeugen, Fahrwerken und aktiven Fahrwerksystemen für eine Konzeptauswahl und Effizienzsteigerung im Fahrwerkentwicklungsprozess unerlässlich. Zur Bewertung der Synergieef-fekte aus passiven und aktiven Fahrwerkskomponenten auf die Fahrdynamik des Fahrzeugs in den frühen Phasen der Entwicklung kommt einer systematischen und raschen Auslegungsmethode eine hohe Bedeutung zu.

Laumanns [73] entwickelt und validiert eine integrierte Fahrdynamikregelung zur Steuerung der Längs- und Querdynamik der Regelstrecke. Diese Dynamik wird im Weiteren als *Horizontaldynamik* bezeichnet. Er identifiziert die Modell-folgeregelung als konzeptionelles Werkzeug zur effizienten Abstimmung des Fahrzeugverhaltens. Es werden aktive Lenkungen und aktive Wankstabilisatoren an der Vorder- und Hinterachse der Regelstrecke als auch radindividuelle Brems-eingriffe zur Fahverhaltensbeeinflussung eingesetzt. Die Basis des Konzepts bil-det die Modellfolgeregelung mit zentralem Referenzmodell zur konsistenten Vorgabe von Führungsgrößen an eine Zwei-Freiheitsgrade-Regelstruktur. Das heißt, die Modellfolgeregelung setzt sich aus einer modellbasierten Vorsteuerung der Gierbeschleunigung und Schwimmrate als auch einer fehlerproportionalen Gierratenregelung zusammen. Basis für den Reglerentwurf bildet ein ebenes, lineares Einspurmodell mit konstanten Parametern. Eine Logik definiert das an-zusteuernde, aktive Fahrwerksystem. So wird beispielsweise im Untersteuerfall der Regelstrecke die Vorderachslenkung nicht zur Gierratenregelung herange-zogen. Beim Untersteuern erreicht die Vorderachse vor der Hinterachse die Kraftschlussgrenze des Reifen-Fahrbahn-Kontaktes. [73] Der aktorische Ener-giebedarf und Stellgrößenbeschränkungen werden nicht berücksichtigt. Der Rechenaufwand ist durch die algebraische Allokationsmethode gering. Die Anwendung auf unterschiedliche Regelstrecken oder Aktorausstattungen ist bei konstantparametrischen Reglerentwurfsmodellen mit einem erhöhten Aufwand der Parameteridentifikation und Allokationslogikanpassung verbunden.

Orend stellt in [95] einen Ansatz zur integrierten Fahrdynamikregelung vor, der die Aktorredundanz der Regelstrecke zur Umsetzung von Nebenzielen der Modellfolge durch Lösung eines Optimierungsproblems ausnutzt. Die Redun-danz der Aktoren wird als *Überaktuierung* bezeichnet [64]. Das heißt, zur Steue-rung jedes Freiheitsgrades der Fahrzeugbewegung stehen mindestens zwei Ak-toren zur Verfügung, die diesen Freiheitsgrad unabhängig voneinander beeinflus-sen können. Eine Überaktuierung bewirkt zudem einen Zuwachs an Kraft-schlusspotential und trägt damit zu einer höheren Fahrsicherheit bei, sofern die redundanten Aktoren an unterschiedlichen Rädern oder Achsen installiert sind. Ein Optimierungsproblem besteht aus einer Zielfunktion in den Optimierungs-variablen, die das Ziel der Optimierung mathematisch beschreibt [19]. Die Opti-mierungsvariablen entsprechen bei der Stellgrößenallokation den Aktorstell-größen und unterliegen Nebenbedingungen, die durch Gleichungs- oder Unglei-chungsfunktionen in den Optimierungsvariablen formuliert werden. Das Ergeb-nis der Optimierung sind Realisierungen der. Optimierungsvariablen, die die Zielfunktion nach festgelegten Konvergenzkriterien des Lösungsalgorithmus minimieren. Eine Aktorausstattung mit einer Teilmenge der Aktoren ist effizient durch die Definition von Nebenbedingungen für die nicht zu verwendenden Aktoren anzusetzen. Dazu ist der Lösungsraum der diesbezüglichen Optimierungsvariablen auf die leere Menge einzuschränken. Zur Darstellung des fahrdynamischen Potentials geht Orend von einer Aktorausstattung mit aktiven Lenkungen, Antriebs- und Bremsmomenten sowie Aktoren zur Vertikalkraftbeeinflussung an allen Rädern aus. Der Reglerentwurf basiert auf einem Reglerentwurfsmodell mit konstanten Parametern. Es wird ein Proportionalregler verwendet, der aus dem Reglerentwurfsmodell abgeleitet wird. Eine Ausregelung von stationären Abweichungen der Dynamik der Regelstrecke zur Referenzmodelldynamik, die ein Proportionalregler nicht kompensieren kann, überlässt das Konzept dem Fahrer. Diesem wird dadurch eine Rückmeldung über äußere Störeinflüsse (wie z. B. Seitenwind) und die Möglichkeit zur Anpassung der Fahrzeugbewegung gegeben. [95]

Die Wahl der Aktorstellgrößen des überaktuierten Fahrzeugs erfolgt durch die Lösung eines Optimierungsproblems mit einer algebraischen Allokation als Redundanzebene. Die redundante Allokation erfüllt bereits die Umsetzung der virtuellen Stellgrößen aus dem Regelgesetz. Die Lösung des Optimierungsproblems dient darüber hinaus zur Minimierung der Kraftschlussausnutzung der Reifen und besitzt keinen Einfluss auf die Erfüllung der primären Ziele. Diese priorisierten Ziele beschreiben die Umsetzung der virtuellen Stellgrößen durch die realen Aktorstellgrößen der Regelstrecke zur Realisierung der Referenzdynamik. [95] Die Kraftschlussausnutzung eines Reifens ist definiert als das Verhältnis zwischen Horizontalkraft und maximal übertragbarer Horizontalkraft [44]. Eine Minimierung dieses Verhältnisses impliziert eine Berücksichtigung des aktorischen Energiebedarfs, da damit die aktive Horizontalkrafterzeugung minimiert wird.

Orend formuliert sein Optimierungsproblem konvex. Ein konvexes Optimierungsproblem zeichnet sich durch eine Konvexität der Zielfunktion und der Ungleichungsnebenbedingungen und affine Gleichungsnebenbedingungen aus [19]. Eine mathematisch konvexe Funktion f_{konv} liegt genau dann vor, wenn innerhalb der konvexen Definitionsmenge $dom f_{konv}$ entweder

$$f_{konv}(y) \geq f_{konv}(x) + \nabla f_{konv}^{T}(x)(y-x) \text{ f. a. } x, y \in dom f_{konv}, \text{ oder} \qquad \text{Gl. 2.1}$$

$$\nabla^2 f_{konv}(x) \geq 0 \qquad \text{Gl. 2.2}$$

gilt [19]. Eine mathematische Menge C ist konvex, wenn für beliebige $x_1, x_2 \in C$ und ein beliebiges θ_{konv} mit $0 \le \theta_{konv} \le 1$ gilt [19]

$$x_1 \theta_{konv} + x_2 (1 - \theta_{konv}) \in C. \qquad \text{Gl. 2.3}$$

Die zentrale Eigenschaft konvexer Optimierungsprobleme ist, dass jedes lokale Optimum auch global optimal ist [19]. Durch Innere-Punkte-Verfahren gelingt eine effiziente, echtzeitfähige Lösung des konvexen Optimierungsproblems, da bei der Suche nach dem globalen Minimum die Konvergenz gegen ein lokales Optimum nicht vermieden werden muss.

Knobel's Arbeit [64] baut auf dem Fahrdynamikregelkonzept Orend's auf und erweitert dieses. Als zusätzliche Aktorik gegenüber Orend geht Knobel von aktiv verstellbaren Radsturzwinkeln aus. Zur Fokussierung des fahrdynamischen Grenzbereichs werden Wechselwirkungen der Längs- und Seitenreifenkräfte explizit bei der Stellgrößenberechnung berücksichtigt. Knobel nutzt zur Regelung der ebenen Fahrzeugbewegung das Konzept der Modellfolgeregelung mit einer Vorsteuerung und Proportionalregelung. Darüber hinaus wird das Optimierungsproblem um Beschränkungen der maximalen Stellgrößenamplituden und -änderungsraten ergänzt. Ein Ansatz zur Linearisierung des Problems in Krueger et al. [71] führt auf ein echtzeitfähiges, quadratisches Optimierungsproblem. Knobel [64] validiert die Auswirkungen von Aktorausfällen oder unterschiedlichen Aktordynamiken auf die Fahrdynamik simulativ. Aktorausfälle sind wie Aktorausstattungen mit Teilmengen der Gesamtaktorik effizient durch eine Einschränkung des Lösungsraums der nicht zu berücksichtigenden Stellgrößen auf die leere Menge im Optimierungsproblem der Stellgrößenallokation zu realisieren. [64]

König et al. [66] schlagen zur Beeinflussung der Fahrzeugquerdynamik ein integriertes Modellfolgeregelkonzept vor, das auf einer Gierratenvorsteuerung und – regelung beruht. Der Ansatz von König et al. ist die Vorgabe von Fahreigenschaften über die gezielte Parametervariation eines mit der Regelstrecke identifizierten Referenzmodells. Im Fokus der Fahreigeschaftsbeeinflussung steht die Vorsteuerung, die im Gegensatz zu einem Regelanteil zu einem „verlässliche[n] und nachvollziehbare[n] Fahrverhalten" beitragen könne [66, S. 38]. Das Reglerentwurfsmodell besitzt konstante Parameter, die a priori anhand der Regelstrecke zu identifizieren sind. Die Allokation der virtuellen Stellgrößen auf die aktiven Fahrwerksysteme erfolgt deterministisch, indem die Aktoren zentral, entspre-

chend ihres Potentials zur Umsetzung der Solleigenschaften, angesteuert werden.
Der Aktorenergiebedarf wird nicht betrachtet. [66, 67]

Henning et al. [46] setzen zur Aufprägung eines querdynamischen Referenzver-
haltens einen integrierten Optimalsteuerungsansatz um. Dieser Ansatz vereint sowohl die Regelung auf die Referenzdynamik als auch die Stellgrößenallokation
in einem Modul. Das konstantparametrische Reglerentwurfsmodell des Optimal-
steuerungsproblems bildet dazu die Wirkung der realen Stellgrößen auf die Dynamik der Regelstrecke ab. Eine Berechnung virtueller Stellgrößen als Schnittstelle zwischen Regelgesetz und Stellgrößenallokation entfällt. Henning et al.
gehen von einer überaktuierten Regelstrecke mit aktiver Vorder- und Hinterachslenkung, einem aktiven Torque Vectoring-System an der Hinterachse sowie rad-
individueller Bremsaktorik aus. Da der Optimalsteuerung ein nichtlineares
Reglerentwurfsmodell mit drei fahrdynamischen Freiheitsgraden zugrunde liegt,
ergibt sich ein nichtlineares Optimierungsproblem. Die Zielfunktion Hennings
berücksichtigt als Primärziel die Minimierung des dynamischen Fehlers zwischen der Querdynamik des Referenzmodells und der Regelstrecke. Sekundärziele sind die Minimierung der Stellgrößen und deren zeitschrittweise Änderungen. Damit werden einerseits der Stellgrößenaufwand und somit der aktorische Energiebedarf reduziert und andererseits die Stellgrößen geglättet. Als
Nebenbedingungen des Optimierungsproblems werden Beschränkungen der
maximalen Stellgrößenamplituden und -änderungsraten berücksichtigt. Da eine
Echtzeitfähigkeit der in Henning et al. [46] vorgeschlagenen, integrierten Quer-
dynamiksteuerung auf Basis des nichtlinearen Optimierungsproblems auf Serien-
fahrzeugsteuergeräten nicht gegeben ist, schlagen die Autoren eine Linearisierung des Fahrzeugmodells zum aktuellen Zustand, zu den aktuellen Fahrereingaben und zu den Stellgrößen des vergangenen Zeitschritts vor. Dadurch wird ein
quadratisch konvexes Optimierungsproblem erzeugt, das robust global in Echt-
zeit gelöst werden kann [84]. Eine Validierung der integrierten Querdynamik-
steuerung sowohl mit dem nichtlinearen als auch mit dem linearisierten Steue-
rungsmodell in der Simulation, zeigt die sehr gute Modellfolgegüte und vernachlässigbar geringe Unterschiede zwischen den beiden Varianten der Querdyna-
miksteuerung unterschiedlicher Komplexität. [46]

In Gienger et al [35] wird das in Henning et al. [46] vorgeschlagene optimale
Steuerungskonzept um die Berücksichtigung von Aktordynamiken und Aktortotzeiten erweitert. Der damit einhergehenden Komplexitätssteigerung des Optimierungsproblems wird mit einer Linearisierung des Problems und einem echtzeitfähigen Lösungsalgorithmus begegnet. Eine simulative Validierung des Regel-

konzepts zeigt relevante Vorteile gegenüber dem in Henning et al. [46] vorgestellten Ansatz ohne die Berücksichtigung von Aktordynamiken und Aktortotzeiten. In diesem Sinne werden zu stark dynamische Änderungen in den Stellgrößen und damit induzierte Beschleunigungen reduziert. Folglich nimmt auch der Stellgrößenaufwand ab. [35]

Bächle et al. [9] stellen eine robuste und echtzeitfähige modellprädiktive Stellgrößenallokation zur Ermittlung von Radmomenten für elektrifizierte Allradfahrzeuge vor. Das Konzept der modellprädiktiven Regelung erlaubt eine optimale Bestimmung der Stellgrößen unter Nebenbedingungen durch Lösung eines Optimierungsproblems. Ein Prädiktionsmodell des zu regelnden Systems dient zur Prädiktion der Systemzustände über einen definierbaren zeitlichen Prädiktionshorizont in die Zukunft [2]. Durch eine stete Optimierung und Aufschaltung der optimalen Stellgrößen auf die Regelstrecke werden Prozessstörungen ausgeregelt, da in jeder Optimierungssequenz die Zustände des Prädiktionsmodells auf Basis von Mess- oder Filterinformationen der Regelstrecke initialisiert werden. Die Schnittstelle zur modellprädiktiven Stellgrößenallokation ist durch virtuelle Stellgrößen gegeben. Diese entstammen einem Fahrdynamikregler. Das modellprädiktive Optimierungsproblem von Bächle et al. [9] löst dabei den Zielkonflikt auf, einerseits das primäre Ziel der überaktuierten Umsetzung einer Solllängskraft und eines Sollgiermoments zu erfüllen. Andererseits wird teilweise nichtlinear formulierten, sekundären Zielen entsprochen, die durch die Minimierung von modellhaft abgebildeten Leistungsverlusten in den Motoren, Bremsen und der Batterie und der physikalischen Realisierbarkeit von Reifenkräften abhängig vom Kraftschlusspotential gegeben sind. Die Prädiktionsmodelle werden konstantparametrisch identifiziert. Eine simulative Validierung der modellprädiktiven Stellgrößenallokation stellt die robuste Funktionalität des Konzepts bei unterschiedlichen Fahrzeugaktuierungen (beispielsweise durch Aktorausfälle), in μ_{max}-Split-Fahrsituationen und in Maximalbeschleunigungsversuchen fest. [9]

Obermüller [94] befasst sich mit der modellbasierten adaptiven Modellfolgesteuerung einer Fahrzeughinterachslenkung für die Serienanwendung. Für den Anwendungsfall der Fahrdynamikregelung vereint dieses Konzept das für den Fahrer subjektiv positiv wahrnehmbare, schnelle Ansprechverhalten einer Steuerung mit der Robustheit gegenüber Störgrößen und der stationären Genauigkeit unter Unsicherheiten. Obermüller legt die Modellfolgesteuerung auf Basis eines ebenen linearen Einspurmodells zum Reglerentwurf aus. Dessen Achssteifigkeitsparameter werden adaptiv ausgeführt und zur Laufzeit durch ein Kalman

Filter geschätzt. Die Steifigkeitsschätzung ermöglicht es, die sich je nach Fahrzustand ändernden Achssteifigkeiten der Regelstrecke im Reglerentwurfsmodell abzubilden. [94] Kalman Filter werden zur stochastisch optimalen Zustands- und Parameterschätzung bzw. -filterung verwendet [130]. Die zu schätzenden Zustände und Parameter des Reglerentwurfsmodells stellen die Zustände des Filtermodells dar. Die Filtermodellzustände werden als Zufallsvariablen mit definierter Wahrscheinlichkeitsverteilung angenommen. Das Filter prädiziert über das Prozessmodell zunächst die Wahrscheinlichkeitsverteilung der Filtermodellzustände. Die Prozessmodelle werden hinsichtlich ihrer mathematischen Abbildegüte zur Zustands- und Parameterprädiktion bewertet. Dazu werden Kovarianzen der Prozessmodellzustände definiert. Messmodelle dienen der Korrektur der Prozessmodellprädiktion. Die Korrektur erfordert die Modellierung von Messfunktionen. Diese Funktionen stellen mathematische Zusammenhänge zwischen den Filtermodellzuständen und den Messgrößen her. Eine Korrektur der prädizierten Filtermodellzustände durch die Messmodelle berücksichtigt die Wahrscheinlichkeitsverteilung der Messgrößen, die durch Messkovarianzen festgelegt werden. Die Messkovarianzen werden vom Messprinzip definiert. [108] Obermüller [94] berücksichtigt daher konzeptionell das Rauschen realer Messgrößen, die in Serienproduktionsfahrzeugen erfasst werden und unterstreicht damit die Praxistauglichkeit seines Ansatzes. Das Kalman Filter bestimmt die zu filternden Zustände und Parameter stochastisch optimal, in dem die wahrscheinlichkeitsverteilten Schätzfehler zwischen wahren und geschätzten Größen minimiert werden [108]. Die geschätzten Achssteifigkeiten bilden durch die Messwertkorrektur des Kalman Filters die Einflüsse aus Parameterunsicherheiten, unmodellierter Dynamik und Störungen im adaptiven Reglerentwurfsmodell ab [94]. Das Konzept Obermüllers erlaubt unter minimalem Parametrierungsaufwand eine robuste und echtzeitfähige Abbildung der Fahrzeugdynamik von realistischen Fahrzeugmodellen oder realen Fahrzeugen. Die adaptive Modellfolgesteuerung stellt ein regelungstechnisches Konzept dar, das auf Grundlage geringkomplexer Reglerentwurfsmodelle durch den marginalen Parameteridentifikationsaufwand effizient auf unterschiedliche Fahrzeuge anwendbar ist.

Bechtloff [11] konzipiert eine echtzeitfähige Fahrdynamikregelung für Serienfahrzeuge mit einer aktiven Vorderachs- und Hinterachslenkung, die analog zu Obermüller [94] auf einem achssteifigkeitsadaptiven Reglerentwurfsmodell basiert. Dieses wird durch Kalman Filter geschätzt. Die Eignung eines wankererweiterten linearen Einspurmodells zum Reglerentwurf wird systematisch abgeleitet. Der in Serie aufgrund zu hoher Kosten nicht messbare Fahrzeugschwimmwinkel wird im Filter bestimmt und für die Regelung der Schwimmdynamik der Regelstrecke verwendet. In fahrsimulatorischen Untersuchungen Bechtloffs wird das entworfene Regelkonzept zur subjektiven Agilitätssteigerung validiert, die durch ein stabileres Fahrverhalten bei erhöhter Gierdynamik gegenüber dem ungesteuerten Fahrzeug zu begründen ist. [11]

Mihailescu [86] erweitert das Querdynamikregelkonzept Obermüllers um einen Regelanteil, der auf dem adaptiven Reglerentwurfsmodell basiert. Das Regelkonzept betrachtet zusätzlich zu einer aktiven Hinterachslenkung eine aktive Vorderachsüberlagerungslenkung, eine aktive Radmomentenverteilung und eine aktive Wankstabilisierung. Eine Störgrößenkompensation und Robustheitserhöhung der adaptiven Vorsteuerung erfolgt durch Regelungseingriffe nach Erkennung von Gierraten- und Schwimmwinkelabweichungen. Der Schwimmwinkel wird durch ein Kalman Filter geschätzt. Der Regelungseingriff kommt aus komforttechnischen Aspekten nur dann zustande, wenn die definierbaren Fehlertoleranzbänder der Gierraten- und Schwimmwinkelmodellfolge überschritten sind. Die Fehlertoleranzbänder werden als Regeltotzonen bezeichnet. Die Stellgrößenallokation im Fahrdynamikregelkonzept von Mihailescu erfolgt durch Lösen eines linearen Gleichungssystems. Dieses Gleichungssystem basiert auf dem stationären adaptiven Reglerentwurfsmodell. Es beschreibt die Erzeugung der virtuellen Stellgrößen durch die Aktorstellgrößen der Regelstrecke. Bei Überaktuierung wird auf Basis des querbeschleunigungsabhängig modellierten Kraftschlusspotentials der Aktoren eine priorisierte Verwendung der Aktoren über eine Anpassung der Koeffizienten des Gleichungssystems vorgenommen. Die Abbildung einer Teilmenge der Gesamtaktorik der Regelstrecke oder von Aktorausfällen in der Stellgrößenallokation wird über die Entfernung derjenigen Variablen des Gleichungssystems erreicht, die den nicht zu berücksichtigenden realen Aktorstellgrößen entsprechen. Eine energetisch optimale Aktoransteuerung ist konzeptionell nicht möglich, da kein Optimierungsproblem gelöst wird. [86]

Insgesamt werden die Fahrdynamikregelkonzepte des Standes der Technik sowohl simulativ anhand komplexer Fahrzeugmodelle als auch in realen Fahrversuchen validiert. Dabei wird die Funktionalität der Systeme im linearen, unkritischen und auch nichtlinearen, kritischen Fahrdynamikbereich nahe der Kraftschlussgrenze untersucht. Der idealisierte lineare Fahrdynamikbereich zeichnet sich durch eine konstante Proportionalität des Lenkradwinkelbedarfs und der Fahrzeugquerbeschleunigung aus [44, 87]. Das Fahrverhalten ist für den menschlichen Fahrer in diesem Bereich vorhersehbar. Der nichtlineare Fahrdynamikbereich wird stattdessen durch einen progressiven Verlauf des Lenkradwinkelbedarfs über der Querbeschleunigung beschrieben [44]. Dies signalisiert dem Fahrer das Erreichen des fahrdynamischen Grenzbereichs. Die Auslegung der Regelkonzepte des Standes der Technik wird in der Literatur lediglich für spezifische Konzeptmodule in Teilen thematisiert. Eine ganzheitliche Auslegungsmethode und insbesondere eine Abstimmung der Module aufeinander und deren Wechselwirkungen werden nicht diskutiert.

In Abbildung 3 sind die Regelkonzepte des Standes der Technik hinsichtlich dreier Eigenschaftskategorien eingeordnet, die zur Erfüllung der Ziele dieser Arbeit insbesondere relevant sind. Die Eigenschaftskategorien sind auf den Achsen des Koordinatensystems aufgetragen. Neben der Regelstrecke werden die Aktuierung der Regelstrecke und die Komplexität der Stellgrößenallokation betrachtet. Die Regelkonzepte des Standes der Technik werden durch die Literaturangaben dieser Arbeit repräsentiert. Hinsichtlich der Eigenschaftskategorie Regelstrecke wird in konstante und variable Regelstrecken differenziert. Dadurch wird die Variabilität der zu regelnden Fahrzeuge betrachtet, womit der Parametrierungsaufwand des Reglerentwurfsmodells bewertet wird. Das Konzept der adaptiven Modellfolgesteuerung ermöglicht eine Variabilität und schnelle Austauschbarkeit der Regelstrecke, da relevante Modellparameter zur Laufzeit geschätzt und nicht exakt a priori bestimmt werden müssen. Analog dazu wird hinsichtlich der Eigenschaftskategorie Aktorik die Variabilität in der Aktuierung der Regelstrecke, im Weiteren auch als Aktorausstattung bezeichnet, betrachtet. Es wird unterschieden in sowohl konstant einzel- und multiaktuierte als auch variabel multiaktuierte Fahrwerke. Während eine konstante Aktuierung die Funktionalität des Fahrdynamikregelkonzepts mit einer festen Aktorausstattung beschreibt, können hinsichtlich einer variablen Aktuierung Änderungen der Aktorausstattung einfach berücksichtigt werden. Ein variabel multiaktuiertes Regelkonzept zeichnet sich beispielsweise durch die Erfüllung der Fahrdynamikregelaufgabe bei Teilausfall der Aktorik aus. Durch die dritte Eigeschaftskategorie aus Abbildung 3 wird auf der vertikalen Achse die Komplexität der Stellgrößenallokation bewertet. Die Anforderungen an die Stellgrößenallokation sind in Abbildung 3 durch verschiedene Komplexitätsebenen dargestellt. Darunter sind die Berücksichtigung von Stellgrößenlimitierungen in Form maximaler Stellgrößenamplituden und -änderungsraten, die energieoptimale Aktoransteuerung und die Kompensation der Aktordynamik der Regelstrecke zur verbesserten Modellfolgegüte zu nennen. Deterministische Stellgrößenallokationen erfüllen die Allokationsanforderungen in der Regel nicht oder mit einer unverhältnismäßig hohen Komplexität. Optimierungsbasierte Stellgrößenallokationen machen einerseits variable Aktorausstattungen oder Aktorausfälle beherrschbar und erfüllen gleichzeitig komplexe Anforderungen bei der Bestimmung der Aktorstellgrößen. Daher können durch den Abgleich der Zielanforderungen dieser Arbeit und des Standes der Technik zur integrierten Fahrdynamikregelung mit Modellfolge die Konzepte des adaptiven Reglerenwurfsmodells und der optimierungsbasierten Stellgrößenallokation für das Regelkonzept dieser Arbeit konkretisiert werden. Bei einer Formulierung des Optimierungsproblems der Stellgrößenallokation als konvex quadratisch kann eine Echtzeitfähigkeit der Fahrdynamikregelung erreicht werden. Diese Zielanforderung ist für einen Serieneinsatz des Regelkonzepts zwingend zu erfüllen.

Das Forschungspotential wird in Abbildung 3 durch die schraffierte Fläche dargestellt. Diese zeigt die Zielanforderungen der Arbeit grafisch auf und grenzt diese zu den Eigenschaften existierender Fahrdynamikregelsysteme ab. In diesem Sinne soll das zu entwickelnde Regelkonzept für unterschiedliche, multiaktuierte Regelstrecken anwendbar sein. Eine Variabilität der Aktoraustattung wird gefordert. Die Aktordynamik und der Energiebedarf zur Aktoransteuerung, wie auch Limitierungen in den Aktorstellgrößenamplituden und –änderungsraten sollen berücksichtigt werden. Die regelungstechnischen Konzepte der Fahrdynamikregelung sollen eine Auslegungsmethode ermöglichen, die eine zeiteffiziente Applikation der Fahrdynamikregelung auf die Regelstrecke erlaubt. Damit wird im Fahrwerkentwicklungsprozess eine effiziente Konzeptgegenüberstellung und –auswahl auf Basis fahrdynamischer, energetischer und wirtschaftlicher Kriterien ermöglicht. Synergiepotentiale aus passiven und aktiven Fahrwerkskomponenten können somit identifiziert und erschlossen werden. Die Erfüllung der Zielanforderungen dieser Arbeit bei gleichzeitiger Realisierung einer schnellen und einfachen Auslegungsmethode des Regelkonzepts kann daher maßgeblich zu einer Verbesserung und Beschleunigung des Fahrzeug- und Fahrwerkentwicklungsprozesses beitragen.

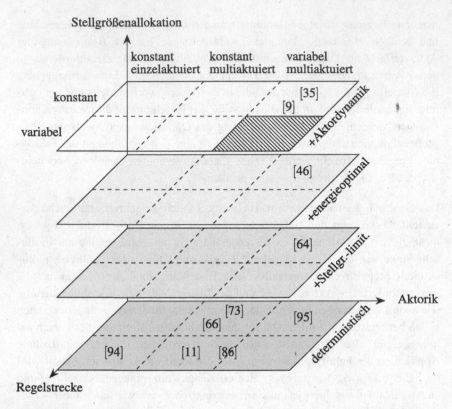

Abbildung 3: Einordnung der Regelkonzepte des Standes der Technik anhand
Hauptzieleigenschaften; eigene Darstellung, in Anlehnung an
[94]

Im nachfolgenden Abschnitt wird der Forschungsansatz dieser Abhandlung definiert, der die einleitend formulierte Zielsetzung und die Zielanforderungen
erfüllt. Es werden sowohl Konzepte aus dem Stand der Technik als auch allgemeine Regelkonzepte diskutiert und bewertet. Der im vorigen Abschnitt beschriebene Abgleich des Standes der Technik mit der Zielsetzung und den Zielanforderungen dient der nachfolgenden Konkretisierung dieser Zielanforderungen.

2.3 Forschungsansatz

Im Forschungsansatz dieser Arbeit werden basierend auf dem wiedergegebenen Stand der Technik zur integrierten Fahrdynamikregelung mit Modellfolge die Zielanforderungen dieser Arbeit konkretisert, eine methodische Regelkonzeptauswahl getroffen und die Struktur der Fahrdynamikregelung konzipiert.

2.3.1 Konkretisierung der Zielanforderungen

Der Stand der Technik zur integrierten Fahrdynamikregelung mit Modellfolge aus Abschnitt 2.2 zeigt auf, dass eine Variabilität der Regelstrecke der Fahrdynamikregelung durch ein adaptives Reglerentwurfsmodell erreicht werden kann. Ein adaptives Reglerentwurfsmodell enthält neben konstanten auch adaptive Parameter. Diese werden zur Laufzeit unter Rückführung des Fahrzustandes durch ein Filter ermittelt. Wird das fahrdynamische Reglerentwurfsmodell mathematisch einfach modelliert, besteht ein geringer Parametrierungsaufwand. Damit ist eine effiziente Applikation der Fahrdynamikregelung auf unterschiedliche Regelstrecken gegeben. Das zu konzipierende Regelkonzept soll daher auf einem adaptiven Reglerentwurfsmodell mit einer geringen Anzahl an konstanten, zu identifizierenden Parametern abgeleitet werden. Neben der effizienten Applikation der Fahrdynamikregelung kann ein adaptives Reglerentwurfsmodell Parameter abbilden, die in Abhängigkeit des Fahrzustands (z. B. Fahrbahn- und Umgebungsbedingung) und des Fahrzeugs (z.B. Beladungszustand) unbekannt und zeitlich veränderlich sind [43, 94]. Dazu zählen beispielsweise die Achssteifigkeiten des geregelten Fahrzeugs.

Da im Rahmen dieser Arbeit der Fokus auf die gezielte Beeinflussung der Längs- und Querdynamik von seriennahen Elektrofahrzeugen gelegt wird, kommen als aktive Fahrwerksysteme elektrische Antriebe und elektrohydraulische Bremssysteme sowie elektrische Vorderachsüberlagerungs- und Hinterachslenkungen zum Einsatz [44, 57, 135]. Eine Betrachtung von aktiven Wankstabilisatoren oder aktiven Federn und Dämpfern zur Beeinflussung der ebenen Fahrdynamik über die Radaufstandskräfte soll hier nicht erfolgen. Das zu entwickelnde Fahrdynamikregelkonzept soll allerdings derart gestaltet sein, dass eine Integration dieser Systeme ausblickend modular möglich ist. Die einfache Anwendbarkeit der integrierten Fahrdynamikregelung auf unterschiedliche Aktorausstattungen der Regelstrecke verlangt eine Stellgrößenallokation mit Nebenbedingungen, die die anzusteuernden Aktoren definieren. Eine optimierungsbasierte

Stellgrößenallokation vermag gleichzeitig primäre, fahrdynamische als auch sekundäre Ziele der Aktoransteuerung zu vereinen. Zu den sekundären Zielen zählt im Kontext der Zielanforderungen dieser Arbeit die Minimierung der Aktorenergie. Eine Gewichtung der primären und sekundären Ziele in der Zielfunktion des Optimierungsproblems über Gewichtungsfaktoren ermöglicht eine Priorisierung der Ziele der Stellgrößenallokation. Über die Definition von Nebenbedingungen des Optimierungsproblems können maximale Stellgrößenamplituden und -änderungsraten als auch die Aktordynamik und die Reifenkraftdynamik der Regelstrecke zur möglichst exakten Modellfolge berücksichtigt werden. Eine modellprädiktive, optimierungsbasierte Stellgrößenallokation ist aufgrund der genannten Vorteile im Fahrdynamikregelkonzept dieser Arbeit vorzusehen. Zur Gewährleistung der Echtzeitfähigkeit auf Fahrzeugsteuergeräten ist das Optimierungsproblem als konvex quadratisch zu formulieren. Ein integrierter Optimalsteuerungsansatz ist wegen hoher Rechenleistungsanforderungen zur Wahrung der Serientauglichkeit zu verwerfen.

Da nach König et al. [66] und Obermüller [94] das schnelle Ansprechverhalten einer Steuerung gegenüber einer Regelung ein „verlässliches" und für den Fahrer „nachvollziehbares Fahrverhalten" [66, S. 38] erzeugen kann, soll die Fahrdynamik durch das zu entwickelnde Regelkonzept maßgeblich vorgesteuert werden. Das heißt, dass Regelanteile lediglich bei Überschreitung definierbarer Modellfolgefehler berechnet werden sollen. Dies ist beispielsweise dann der Fall, wenn das adaptive Reglerentwurfsmodell eine relevante Dynamik der Regelstrecke nicht explizit abbildet. Man spricht von unmodellierter Dynamik [119]. Zudem wird ein Regelanteil bei Parameterunsicherheiten des Reglerentwurfsmodells oder Störungen der Regelstrecke benötigt, die durch eine Parameteradaption des Reglerentwurfsmodells nicht vollständig abgebildet werden können.

Aus der Konkretisierung der Zielanforderungen folgt somit die Festlegung zweier, regelungstechnischer Konzepte, auf denen die zu entwickelnde Fahrdynamikregelung basieren soll. Diese sind die Zwei-Freiheitsgrade-Regelung mit Vorsteuer- und Regelanteil auf Grundlage eines adaptiven Reglerentwurfsmodells und die modellprädiktive Stellgrößenallokation auf Basis eines konvex quadratischen Optimierungsproblems. Beide Verfahren werden im nachfolgenden Abschnitt grundlegend erörtert. Desweiteren bedarf es einer Definition von Methoden und Konzepten der Regelungstechnik, die die beiden konkretisierten Verfahren der zu entwickelnden Fahrdynamikregelung detaillieren und realisieren. So wird beispielsweise ein Regelungsverfahren gesucht, das nur bei Überschreitung von definierten Modellfolgefehlern Regelanteile berechnet. Zudem wird eine Methode benötigt, die in einer konvex quadratischen Formulierung des modellprädiktiven Optimierungsproblems zur Stellgrößenallokation mündet. Hierzu sind die Wechselwirkungen und Schnittstellen zum adaptiven Reglerentwurfsmodell relevant. Dieses beschreibt die Fahrdynamik der Regelstrecke unter Wirkung von realen und virtuellen Stellgrößen, vgl. Abschnitt 4.1.3. Damit wird auch der Zusammenhang der realen zu den virtuellen Stellgrößen modelliert. Das Reglerentwurfsmodell ist daher die Grundlage des Zwei-Freiheitsgrade-Regelgesetzes und der modellprädiktiven Stellgrößenallokation.

Im Folgenden werden Regelungsverfahren und –methoden bewertet, gegenübergestellt und ausgewählt, die zur Umsetzung eines Regelkonzepts der Zwei-Freiheitsgrade-Regelung mit adaptivem Reglerenwurfsmodell und modellprädiktiver, konvex quadratischer Stellgrößenallokation unter Berücksichtigung der Zielsetzung und Zielanforderungen dieser Arbeit bestmöglich geeignet sind. Abschließend wird die Struktur des Regelkonzepts abgeleitet.

2.3.2 Regelkonzeptbewertung, -gegenüberstellung und -auswahl

Eine formulierte Zielanforderung an die zu entwickelnde Fahrdynamikregelung ist die Serientauglichkeit. Neben der Echtzeitfähigkeit auf Fahrzeugsteuergeräten und geringer Kostenaufwände für Messtechnik bedeutet dies eine robuste Funktionalität des Regelkonzepts hinsichtlich realer Fahrzeuge unter realen Fahrbahn- und Umweltbedingungen. Da die Fahrdynamikregelung in dieser Arbeit ausschließlich in der Simulation validiert werden kann, bedarf es einer möglichst realistischen Modellierung der Fahrdynamik von Fahrzeugen. Dieser Anforderung wird von einer echtzeitfähigen Simulationsumgebung mit einem Fahrzeugmodell mit 14 Freiheitsgraden entsprochen, vgl. Abschnitt 3.2. Dabei handelt es sich um eine nichtlineare Regelstrecke. Das heißt, für die Reglerkonzeption muss ein nichtlineares Regelungsverfahren ausgewählt werden.

Es ist keine allgemeingültige Methode für die Konzeption einer nichtlinearen Regelung bekannt [119]. Vielmehr müssen unter den existierenden nichtlinearen Regelungsverfahren für den jeweiligen Anwendungs- und Anforderungsfall geeignete ausgewählt und kombinierend ergänzt werden. In der Konkretisierung der Zielanforderungen wird die Zwei-Freiheitsgrade-Regelung mit adaptivem Reglerentwurfsmodell festgelegt, vgl. Abschnitt 2.3.1. Das Reglerentwurfsmodell dient zur Integration von Vorwissen über die Regelstrecke in den Regler. Regelungsverfahren, die auf einem Reglerentwurfsmodell basieren, bezeichnet man als modellbasiert [79]. Das heißt, es existieren auch nicht modellbasierte Regelungsverfahren, die lediglich durch Rückführung von Mess- oder Schätzgrößen Regelfehler der Regelstrecke zum Referenzmodell bilden und proportional zu den Fehlern und deren zeitlichen Integrationen und zeitlichen Differentiationen Stellgrößen berechnen [53, 79, 128]. Modellbasierte haben gegenüber nicht modellbasierten Regelungsverfahren bei korrekter Abbildung der zu regelnden Strecke durch das Reglerentwurfsmodell den Vorteil, dass durch das integrierte Vorwissen über die Regelstrecke eine stationär und transient bessere Regelgüte erzielt werden kann [2, 79, 119]. Die korrekte Abbildung der Regelstrecke bedeutet, dass die wesentliche Dynamik des zu regelnden Systems in den relevanten Betriebspunkten mathematisch modelliert ist [119].

Die Echtzeitfähigkeit der modellprädiktiven Stellgrößenalloktion wird durch ein konvex quadratisches Optimierungsproblem erreicht. Dieses ist effizient und robust lösbar [19]. Ein konvex quadratisches, modellprädiktives Optimierungsproblem ist charakterisiert durch affine Prädiktionsmodelle und Gleichungsnebenbedingungen, konvexe Ungleichungsnebenbedingungen und eine konvex quadratische Zielfunktion [19]. Die Stellgrößenallokation hat die Aufgabe, die realen Aktorstellgrößen aus den virtuellen Stellgrößen zu bestimmen. Für die Längs- und Querdynamikregelung sind die virtuellen Stellgrößen je eine virtuelle Längs- und Querkraft und ein virtuelles Giermoment. Die virtuellen Stellgrößen werden im Regelgesetz bestimmt. Zur Umsetzung der virtuellen Stellgrößen durch die Aktorstellgrößen muss deren Zusammenhang in der konvex quadratischen Zielfunktion abgebildet werden. Mathematisch wird die Beziehung zwischen virtuellen und realen Aktorengrößen durch das Reglerentwurfsmodell beschrieben. Die Lösung des Optimierungsproblems wird durch die Minimierung der Zielfunktion bestimmt. Daher beschreibt die Zielfunktion die quadratischen Abweichungen zwischen den virtuellen Stellgrößen und der durch die realen Stellgrößen modellhaft induzierten Kräfte und Momente auf den Fahrzeugschwerpunkt. Um eine konvex quadratische Zielfunktion zu erhalten, wird eine lineare mathematische Beschreibung zwischen virtueller und realer Stellgröße benötigt. Dies erfordert ein Reglerentwurfsmodell mit linearem Zusammenhang zwischen virtuellen und realen Stellgrößen. Die Formulierung von affinen Prädiktionsmodellen erlaubt die Berücksichtigung der Aktordynamik und der Reifenkraftaufbaudynamik der Regelstrecke. Diese sind zur Verbesserung der Modellfolgegüte durch die Integration von Vorwissen über die Dynamik der Reifenkrafterzeugung bei der Aktoransteuerung geeignet. Das heißt, die modellprädiktive Stellgrößenallokation fungiert bei der Regelungsaufgabe als Kompensationseinheit der Dynamik zwischen den realen Aktorstellgrößen und dem Reifenkraftaufbau. In der Literatur wird die Dynamik der Aktoren und des Reifenkraftaufbaus mathematisch linear modelliert [35, 96]. Damit können die Prädiktionsmodelle der Aktor- und Reifenkraftdynamik in eine konvex quadratische, modellprädiktive Stellgrößenallokation intergriert werden. Begrenzungen der Stellgrößenamplituden und –änderungsraten können als konvexe Ungleichungsnebenbedingungen im Optimierungsproblem formuliert werden. Neben dem primären Ziel der Umsetzung der virtuellen Stellgrößen durch die realen Aktorstellgrößen wird die Zielfunktion um sekundäre Ziele additiv erweitert, deren Wichtigkeit gegenüber dem primären Ziel über Gewichtungsfaktoren definiert werden kann. Sekundäres Ziel der Fahrdynamikregelung dieser Arbeit ist die Minimierung des Aktorenergiebedarfs. Dieser Energiebedarf wird mathematisch über die quadratischen Abweichungen zwischen den Aktorstellgrößen und den Aktorzuständen in der Zielfunktion quantifizierbar. Ein Aktorzustand ist beispielsweise das induzierte Radmoment eines Motors oder die Zahnstangenposition bzw. Achslenkwinkelstellung einer Aktivlenkung.

Da zur Realisierung einer konvex quadratischen, modellprädiktiven Stellgrößenallokation ein linearer Zusammenhang zwischen den virtuellen Stellgrößen und den Zuständen der realen Aktoren erforderlich ist und dieser durch das Reglerentwurfsmodell beschrieben werden soll, ist ein lineares Reglerentwurfsmodell nötig. Für die Integration von aktiven Achslenkungen in das Regelkonzept bedeutet dies, dass ein linearer Zusammenhang zwischen Aktivlenkwinkel und erzeugter Achsseitenkraft abzubilden ist. Dies gelingt durch eine Beschreibung der Regelstrecke über lineare Reifenseitenkraftmodelle. Der Proportionalitätsfaktor zwischen Achsschräglaufwinkel und Achsseitenkraft ist durch die Achssteifigkeit gegeben [44, 87, 112]. Ist die Dynamik des Aufbaus eines aktiven Achslenkwinkels schneller als die Änderung der Geschwindigkeitsrichtung an der betreffenden Achse, entspricht der aktive Achslenkwinkel einem zusätzlichen Achsschräglaufwinkel. Die Achssteifigkeit ist dann als Proportionalitätsfaktor zwischen Aktivachslenkwinkel und zusätzlicher Achsseitenkraft aufzufassen. Von dieser Annahme bezüglich der Dynamik der Aktivlenkungen relativ zur Achsdynamik wird in dieser Arbeit ausgegangen. Die Wirkung von Radmomenten auf die Längskrafterzeugung der Regelstrecke ist bei berücksichtigter Reifenkraftdynamik im Prädiktionsmodell der modellprädiktiven Stellgrößenallokation linear über den dynamischen Radhalbmesser abbildbar. Somit bietet sich ein fahrdynamisches, lineares Einspurmodell als Reglerentwurfsmodell an, dessen Achssteifigkeiten adaptiv ausgeführt sind. Mit der geringen Anzahl an Modellparametern geht einerseits ein geringer Parameteridentifikationsaufwand einher. Andererseits erlauben die adaptiven Parameter eine Anpassung des linearen Reglerentwurfsmodells an den Fahrzustand und damit ein verbesserte Modellfolgegüte.

Da die realistisch modellierte Regelstrecke ein nichtlineares System darstellt, für den Reglerentwurf und die modellprädiktive Stellgrößenallokation allerdings ein lineares Modell benötigt wird, bedarf es der Auswahl einer Linearisierungsmethode. Das Reglerentwurfsmodell besitzt adaptive Achssteifigkeiten und potentiell zusätzliche Adaptionsparameter zur Abbildung der Dynamik der Regelstrecke. Das heißt, es kann entweder durch Parameteradaption ein nichtlineares Reglerentwurfsmodell geschätzt und anschließend linearisiert werden oder direkt ein lineares Reglerentwurfsmodell adaptiert werden. Um der Zielanforderung der Echtzeitfähigkeit auf Fahrzeugsteuergeräten von Serienfahrzeugen gerecht zu werden, wird gegenüber der zweistufigen Ableitung des Reglerentwurfsmodells die direkte Schätzung der Adaptionsparameter eines linearen Reglerentwurfsmodells präferiert und in dieser Arbeit verwendet.

Die Bestimmung der adaptiven Parameter des Reglerentwurfsmodells erfolgt durch Filterung. Das Filter erfordert die Formulierung eines Prozessmodells und eines Messmodells. Das Messmodell dient zur Korrektur der Informationen des Prozessmodells durch Messgrößen. Zur Berücksichtigung von Parameterunsicherheiten und unmodellierter Dynamik des Reglerentwurfsmodells sowie des Sensorrauschens realer Messgrößen existieren stochastische Filter [31, 108]. Unter unmodellierter Dynamik wird eine relevante Dynamik der Regelstrecke verstanden, die durch ein Modell nicht explizit abgebildet wird [119]. Ein Kalman Filter filtert stochastisch optimal, in dem die wahrscheinlichkeitsverteilten Schätzfehler zwischen wahren und geschätzten Größen minimiert werden [108]. Im Kalman Filter ist ein Prozessmodell zur Prädiktion der Zustände und Parameter des Reglerentwurfsmodells und ein Messmodell zur mathematischen Beschreibung der Zusammenhänge der Messgrößen zu den Zuständen und Eingangsgrößen des Prozessmodells hinterlegt [108]. Das heißt, die Zustände und Parameter des Reglerentwurfsmodells werden im Filterprozessmodell als Zustände zusammengefasst und stochastisch optimal ermittelt [130]. Eine Definition der Wahrscheinlichkeitsverteilung der Filtermodellzustände des Prozessmodells und des Einflusses des Messmodells auf die Filtermodellzustände über die sogenannten Kovarianzen ist hierzu erforderlich [108]. Ergebnis der Filterung sind die Zustände und adaptiven Parameter des Reglerentwurfsmodells mit maximaler Wahrscheinlichkeit. Der Schwimmwinkel ist ein wesentlicher

Zustand zur Beschreibung der Querdynamik des Fahrzeugs [44, 87], der nur unter hohem Kostenaufwand gemessen werden kann. Für die Bewertung des Fahrzustands und zur Regelung der Fahrzeugquerdynamik wird der Wert des Schwimmwinkels benötigt. Durch die stochastisch optimale Filterung der Zustände und Parameter des Reglerentwurfsmodells kann der Schwimmwinkel ohne zusätzlichen Sensorikaufwand echtzeitfähig bestimmt werden.

Die Formulierung eines Regelgesetzes auf Grundlage eines adaptiven Reglerentwurfsmodells wird als indirekte, adaptive Regelung bezeichnet [56]. Für die Reglerauslegung wird davon ausgegangen, dass die durch das adaptive Reglerentwurfsmodell modellierte Regelstrecke der realen Strecke entspricht. Das Regelgesetz soll als Zwei-Freiheitsgrade-Regelung ausgeführt werden. Es gilt daher, den Vorsteuer- und den Regelanteil zu definieren. Der Vorsteueranteil leitet sich direkt aus dem Reglerentwurfsmodell nach dem Modellfolgegesetz ab. Das Modellfolgegesetz gibt vor, dass die zu regelnden Zustände der Regelstrecke und deren Dynamik identisch zu den entsprechenden Größen des Referenzmodells sein sollen [21]. Das heißt beispielsweise, dass die Größen für die Gierrate und die Gleichungen für die Gierbeschleunigung jeweils im Reglerentwurfs- und Referenzmodell gleichgesetzt werden. Die adaptive Modellfolgesteuerung ergibt sich durch Auflösung der resultierenden Gleichung nach den virtuellen Stellgrößen. Diese stellen die Schnittstelle zur modellprädiktiven Stellgrößenallokation dar. Der Regelanteil des Regelgesetzes wird mit der Methode der strukturvariablen Regelung mit Gleitzustand (im Engl. Sliding Mode Control) bestimmt. Dabei handelt es sich um ein robustes Regelungsverfahren [119]. Das heißt, die Modellfolge wird bei entsprechender Parametrierung des Sliding Mode-Reglers auch dann hinreichend gut erfüllt, wenn vom Auslegungsfall abweichende Bedingungen bezüglich der Regelstrecke anzutreffen sind [79]. Die Sliding Mode-Regelung erlaubt eine einfache Auslegung, da lediglich wenige Auslegungsparameter festzulegen sind. Diese können physikalisch interpretiert werden. Fehlertoleranzbänder können mit den Methoden der Sliding Mode-Regelung einfach in das Regelgesetz integriert werden. Ein Fehlertoleranzband beschreibt den Betrag der maximal zulässigen Abweichungen zwischen den zu regelnden Zuständen der Regelstrecke und des Referenzmodells, bis zu dem kein Regelanteil sondern nur ein Vorsteueranteil berechnet wird. Das Fehlertoleranzband wird als Regeltotzone bezeichnet [86]. Das Regelgesetz der Sliding Mode-Regelung lässt überdies eine einfache Festlegung der Intensität des Regeleingriffs zu. Die Definition und Anpassung von Regeltotzonen und Intensitäten der Regelanteile ist insbesondere zur Umsetzung eines „verlässliche[n] und nach-

vollziehbare[n] Fahrverhaltens" [66, S. 38] relevant. Dieses wird durch das
schnelle Ansprechverhalten einer vorwiegend vorgesteuerten Fahrdynamik ermöglicht [66, 94]. Das heißt, die Regelanteile sollen durch entsprechende Definition der Regeltotzonen und -intensitäten überwiegend gering gehalten werden.

In Fahrsituationen, in denen die Regelstrecke mit Störungen beaufschlagt ist oder
relativ zur Parameteradaption schnell ändernde Parameter aufweist, kommt dem
robusten Regelanteil des Regelgesetz eine elementare Bedeutung zur Sicherstel-
lung der Fahrstabilität und Modellfolge zu [119]. In diesem Sinne kann eine im
Reglerentwurfsmodell nicht modellierte Dynamik der Regelstrecke zu Instabili-
tät führen [106]. Es wird daher nach Slotine und Li [119] für das Regelkonzept
dieser Arbeit eine Vereinigung von adaptiver Modellfolgesteuerung und robuster
Regelung angestrebt. Dadurch sollen einerseits die Vorteile des lernenden Verhaltens der adaptiven Regelung nutzbar gemacht werden und somit den im Fahrwerkentwicklungsprozess zeitkritischen Applikationsaufwand zu reduzieren
[86]. Durch Verwendung eines adaptiven Reglerentwurfsmodells werden wenig
bis keine a priori-Informationen über die adaptiven Parameter benötigt. Andererseits werden unzureichend adaptierbare Unsicherheiten, die beispielsweise aufgrund des Reifen-Fahrbahnkontakts oder Störungen gegeben sind, mit Robust-
heitstechniken erfasst. Robustheit wird sowohl von allen Einzelmodulen des
integrierten Fahrdynamikregelkonzepts als auch vom Gesamtsystem gefordert.
Die Zwei-Freiheitsgrade-Regelung mit adaptiver Modellfolgesteuerung und
Sliding Mode-Regelung leistet insgesamt einen wesentlichen Beitrag zur einfachen Auslegung eines robusten Fahrdynamikregelungskonzepts.

Nachfolgend werden die abschließend definierten Regelkonzepte der Fahrdynamikregelung dieser Arbeit in einer Struktur angeordnet. Die Struktur des Regelkonzepts entspricht prinzipiell der in Abbildung 2 dargestellten, spezifiziert diese
darüber hinaus unter den definierten Zielanforderungen.

2.3.3   Struktur des Fahrdynamikregelkonzepts

In Abbildung 4 ist die konzipierte und hinsichtlich der Regelkonzepte definierte
Struktur der integrierten Fahrdynamikregelung mit Modellfolge dargestellt.

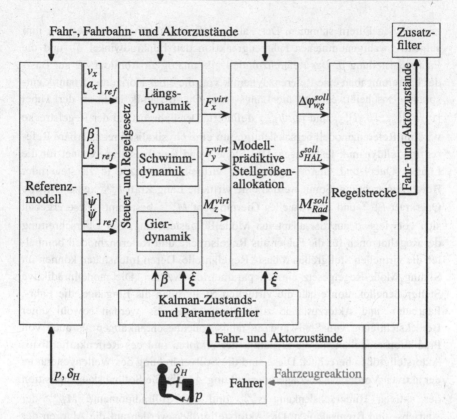

Abbildung 4: Strukturkonzept und Schnittstellen der integrierten Fahrdynamikregelung

Gegenüber der in Abbildung 2 wiedergegebenen Grundstruktur einer integrierten Fahrdynamikregelung mit Modellfolge wird der integrierte Fahrdynamikregler in seine Grundfunktionen aufgeteilt. Das heißt, das Steuer- und Regelgesetz und die Stellgrößenallokation stellen separate Module mit den virtuellen Stellgrößen als Schnittstelle dar. Die konkretisierte Zielanforderung der adaptiven Modellfolgesteuerung resultiert in dem Modul zur Zustand- und Parameterfilterung. Dieses Filter liefert sowohl die adaptiven Parameter des Reglerentwurfmodells $\hat{\xi}$ als auch eine Zustandsschätzung des in Serienfahrzeugen nicht direkt messbaren Schwimmwinkels $\hat{\beta}$ der Regelstrecke. Der Kenntnis dieser Filtergrößen bedarf es im Steuer- und Regelgesetz und der modellprädiktiven Stellgrößenallokation. Das Zustands- und Parameterfilter benötigt wiederum Informationen über den Fahrzustand und die Aktorzustände, die aus Messungen an der Regelstrecke und zusätzlichen Filtern stammen. Der Fahrer definiert abhängig von der von ihm subjektiv wahrgenommenen Fahrzeugreaktion den Lenkradwinkel δ_H und die Fahrpedalstellung p. Das Referenzmodell gibt analog zu Abbildung 2 auf Basis der Fahrereingaben eine Referenzdynamik vor, die einer Horizontaldynamik entspricht. Das heißt, es wird die Längs- und Querdynamik in Form der Tupel $[v_x, a_x]_{ref}^T$, $[\beta, \dot{\beta}]_{ref}^T$ und $[\dot{\psi}, \ddot{\psi}]_{ref}^T$ definiert. Der Fahrzustand der Regelstrecke wird im Referenzmodell berücksichtigt, um eine physikalisch realisierbare Referenzmodelldynamik festzulegen. Das Steuer- und Regelgesetz berechnet für die Längs-, Quer- und Gierbewegung eine virtuelle Stellgröße je zu steuernder Bewegungsrichtung. Somit werden eine virtuelle Längskraft F_x^{virt}, eine virtuelle Querkraft F_y^{virt} und ein virtuelles Giermoment M_z^{virt} bestimmt. Diese ergeben sich vorwiegend aus der adaptiven Modellfolgesteuerung. Bei Überschreitung der Regeltotzonen für die Fehler aus Regelstrecke und Referenzmodell beinhalten die virtuellen Stellgrößen robuste Regelanteile. Deren Intensitäten können im Sliding Mode-Regelgesetz einfach parametriert werden. Die modellprädiktive Stellgrößenallokation erhält die virtuellen Stellgrößen als Eingänge, die Fahr-, Fahrbahn- und Aktorzustände zur Initialisierung. Es werden sowohl unter Berücksichtigung von Stell- und Zustandsgrößenbeschränkungen als auch von Prädiktionsmodellen für die Dynamik der Aktoren und des Reifenkraftaufbaus Aktorstellgrößen berechnet. Diese sind die Sollverdrehung des Wellengenerators der aktiven Vorderachsüberlagerungslenkung $\Delta\varphi_{wg}^{soll}$, die Sollhubstangenposition der aktiven Hinterachslenkung s_{HAL}^{soll} und die Sollradmomente $\boldsymbol{M}_{Rad}^{soll}$ der Antriebs- und Bremsaktoren. Die Aktorstellgrößen werden auf die Aktoren der Regelstrecke aufgeschaltet.

Durch die Modularisierung der Fahrdynamikregelung wird die Gesamtsystemkomplexität aufgegliedert, um diese beherrschbar zu machen. Die modulare Struktur mit definierter Funktionsaufteilung der Module und einheitlichen Schnittstellen ermöglicht einen anschaulichen und effizienten Auslegungsprozess, der in Kapitel 5 detailliert wird. Damit wird das Ziel der Umsetzung eines definierbaren Fahrverhaltens durch die Ansteuerung der Aktoren der Regelstrecke unter Beachtung der Zielanforderungen bei der Konzeption der Fahrdynamikregelung erfüllt. In den nachfolgenden Kapiteln 3 und 4 wird zunächst die Modellierung des Referenzmodells der Fahrdynamik und der Regelstrecke behandelt. Daraufhin wird die detaillierte Entwicklung der integrierten Fahrdynamikregelung auf Grundlage der spezifizierten Regelkonzepte und der Regelstruktur des Forschungsansatzes thematisiert.

3 Modellierung der Fahrdynamik

Dieses Kapitel stellt die Modellierung des Referenzmodells und der Regelstrecke für das in dieser Arbeit zu entwickelnde integrierte Fahrdynamikregelkonzept dar. Das Referenzmodell definiert die Fahrdynamik, die durch geeignete Ansteuerung der Aktoren der Regelstrecke umzusetzen ist.

3.1 Referenzmodell

Innerhalb dieses Abschnitts wird die Definition der Sollfahrdynamik durch Auswahl und Parametrierung eines Referenzmodells beschrieben. Das Referenzmodell berechnet die Referenzdynamik. Das Regelziel der integrierten Fahrdynamikregelung besteht in der Umsetzung dieser Referenzdynamik. Da das Referenzmodell somit die Fahreigenschaften der Regelstrecke definiert, kommt der Auswahl und Parametrierung des Referenzmodells eine wesentliche Bedeutung zu.

3.1.1 Methode der Sollvorgabe

Zur Beschreibung des Sollfahrverhaltens ergeben sich prinzipiell diverse Möglichkeiten, die nach Graf [38] in modellbasierte und nicht modellbasierte Verfahren eingeteilt werden können. Graf [38] führt als wesentliche Vorteile der modellbasierten Vorgabe des Sollfahrverhaltens die physikalische Interpretierbarkeit und Übertragbarkeit auf verschiedene Fahrzeugklassen an. Als relevanten Nachteil sieht er die Fehlerabsicherung, die funktionalen Sicherheitsaspekten genügen muss. Eine Fehlerabsicherung bedeutet, dass das Referenzmodell Dynamikvorgaben an die Fahrdynamikregelung generiert, die von der Regelstrecke unkritisch umzusetzen sind. Dies erfordert insbesondere die Berücksichtigung des Fahrzustands der Regelstrecke im Referenzmodell. Das heißt, dass beispielsweise der Fahrbahnreibbeiwert der Regelstrecke in das Referenzmodell eingeht, um die Kraftschlussgrenze zwischen Reifen und Fahrbahn abzubilden. In dieser Arbeit soll zur Erschließung der genannten Vorteile eines modellbasierten Referenzmodells durch geeignete Methoden eine für die Regelstrecke unkritische Sollfahrzeugdynamik vorgegeben werden. Konkret erfolgt eine Begrenzung des Fahrerlenkradwinkels in das Referenzmodell in der Weise, dass ein maximaler Betrag der Querbeschleunigung $|a_{y,max,ref}|$ stationär nicht überschritten wird.

Der Betrag der maximal zulässigen Querbeschleunigung ergibt sich mit dem für alle Bewegungsrichtungen identisch angenommenen Fahrbahnreibbeiwert μ_{max} und der maximal zwischen Reifen und Fahrbahn erzeugbaren Absolutbeschleunigung $|a_{max}| = g\mu_{max}$ in Anlehnung an Henning et al. [46] zu

$$|a_{y,max,ref}| = \sqrt{a_{max}^2 - \min(0,6 \cdot |a_{max}|, |a_{x,ref}|)^2}. \qquad \text{Gl. 3.1}$$

Gl. 3.1 berücksichtigt die durch die Fahrpedalstellung vom Fahrer oder vom Geschwindigkeitsprofil geforderte betragliche Längsbeschleunigung $|a_{x,ref}|$ bei der Berechnung der maximalen Querbeschleunigung. Zur Gewährleistung der Lenkbarkeit des Fahrzeugs wird die Längsbeschleunigung auf maximal 60 % der maximal möglichen Fahrzeugbeschleunigung in der Ebene limitiert. Der beschriebene Ansatz der Limitierung der durch das Referenzmodell geforderten Längs- und Querbeschleunigung leistet einen Beitrag zur Robustheit der integrierten Fahrdynamikregelung. In diesem Sinne werden physikalisch von der Regelstrecke unrealistisch umsetzbare Sollvorgaben und damit ein instabiler Fahrbetrieb im Grenzbereich konzeptionell vermieden.

Für das Referenzmodell ist eine geeignete Modellierung auszuwählen. Laumanns [73] kommt zu dem Schluss, dass das Referenzmodell zur bestmöglichen Umsetzung der Referenzdynamik durch die Regelstrecke von selber Ordnung wie das Reglerentwurfsmodell sein soll. Die Ordnung eines mathematischen Modells bestimmt die Anzahl an Pole und Nullstellen und damit die Systemdynamik [53, 79]. Wird für das Referenzmodell und das Reglerentwurfsmodell dasselbe Fahrdynamikmodell verwendet, liegt Gleichheit der Systemordnungen bezüglich beider Modelle vor. Wie in Abschnitt 4.1.3 begründet wird, verwendet diese Arbeit ein wankerweitertes zustandslineares Einspurmodell als Reglerentwurfsmodell, da dieses die beste Abbildungsgüte der Regelstrecke bezogen auf die Modellkomplexität mit sich bringt. Folglich soll zur Vorgabe der Referenzdynamik für die integrierte Fahrdynamikregelung in dieser Arbeit das wankerweiterte zustandslineare Einspurmodell verwendet werden. Dessen mathematische Beschreibung ist in Gl. 4.1 in Abschnitt 4.1.3 wiedergegeben.

3.1.2 Auslegungsmethode des Referenzmodells

Die Parametrierung des Referenzmodells dieser Arbeit erfolgt dergestalt, dass das Fahrverhalten eines Oberklassefahrzeugs abgebildet wird, dem inhärent eine subjektiv gute Fahrdynamik zugeschrieben wird. Das zu regelnde Fahrzeug ent-

spricht einem urbanen Kleinfahrzeug, vgl. Abschnitt 3.2. Bedingt durch Unterschiede in Geometrie- und Trägheitseigenschaften, aber auch der Fahrwerkkom-
plexität, etc. ergibt sich eine prinzipiell unterschiedliche Fahrdynamik von Referenzmodell und Regelstrecke. Dieses prinzipiell unterschiedliche Fahrverhalten
bietet die Möglichkeit, das Potential der Ansteuerung der aktiven Fahrwerksysteme zur Modellfolge durch das Fahrdynamikregelkonzept aufzuzeigen.

Die Horizontaldynamik des Referenzmodells wird auf Basis der Parametrierung
des ebenen linearen Einspurmodells für ein Audi A8-Oberklassemodell nach
Obermüller [94] ausgelegt. Das wankerweiterte lineare Referenzeinspurmodell
besitzt zusätzliche Parameter, die das Wankverhalten definieren. Dazu zählen
das Wankträgheitsmoment, der Wankhebelarm, die Wanksteifigkeit und die
Wankdämpfung, vgl. Tabelle 8 im Anhang A11. Das Wankträgheitsmoment des
wankerweiterten linearen Referenzeinspurmodells wird analog zu der Wankträg-
heit eines bestehenden, validen Mehrmassenmodells eines Fahrzeugs der oberen
Mittelklasse gewählt. Die weiteren drei Wankparameter des Referenzmodells
werden im instationären Lenkwinkelsprungmanöver [26] durch Identifikation
nach der Methode der kleinsten Fehlerquadrate [58] auf Basis des validen Mehrmassenmodells vorbestimmt. Gleichzeitig werden die in [65, 87, 129] definierten
Literaturwerte als Zielwerte für das Stationärverhalten des Referenzmodells ein-
gehalten. Stationär wird der querbeschleunigungabhängige Lenkradwinkelbedarf
und Wankwinkelverlauf, als auch die geschwindigkeitsabhängige Gierverstärkung betrachtet. Der stationäre Lenkradwinkelbedarf definiert den Fahrerlenkradwinkel der zum Befahren eines Kreises mit konstantem Radius eingestellt
werden muss, um eine definierte und konstante Querbeschleunigung des Fahrzeugs zu erzielen [55]. Die stationäre Gierverstärkung gibt die Gierreaktion auf
eine Fahrerlenkradwinkeleingabe an [26]. Die Ergebnisse der stationären Fahr-
dynamikauslegung des Referenzmodells sind in Abbildung 5 am Ende des
Abschnitts 3.2 dargestellt. Eine Vertikalverschiebung der Kurven des Lenkradwinkelbedarfs über der Querbeschleunigung und der stationären Gierverstärkung
über der Geschwindigkeit wird durch die Änderung der statischen Übersetzung
von Lenkradwinkel zu Achslenkwinkel realisiert. Diese Lenkübersetzung stellt
einen Parameter des wankerweiterten linearen Einspurmodells dar.

Die Literaturwerte [65, 107, 129] und das valide Mehrmassenmodell zeigen im
Querbeschleunigungsbereich ab circa $4\,\text{m/s}^2$ bei einem Fahrbahnreibbeiwert
von 1 einen progressiven Lenkradwinkelbedarf über der Querbeschleunigung.
Dieses untersteuernde Eigenlenkverhalten ist essentiell für die Fahrsicherheit, da
damit die Wahrnehmung des Erreichens des fahrdynamischen Grenzbereichs

durch den Fahrer haptisch und visuell erzielt wird [38]. Die Einstellung eines progressiv untersteuernden Eigenlenkverhaltens trägt damit zu einem stabilen Fahrverhalten bei. Das Referenzmodell soll daher ein progressiv untersteuerndes Eigenlenkverhalten vorgeben. Durch die Umsetzung dieser Referenzdynamik über die Ansteuerung der Aktoren der Regelstrecke auf Basis der integrierten Fahrdynamikregelung kann das Erreichen des Bereichs höherer Querbeschleunigungen vom Fahrer des geregelten Fahrzeugs unabhängig von den passiven Fahreigenschaften der Regelstrecke wahrgenommen werden.

Ein konstantes, lineares Modell kann ein progressiv untersteuerndes Eigenlenkverhalten nicht abbilden. Daher wird in dieser Arbeit eine querbeschleunigungsabhängige Adaption definierter Parameter des wankerweiterten Referenzeinspurmodells zur Anpassung des Eigenlenkverhaltens vorgenommen. Analog zu Graf [38] wird ein Ansatz vorgeschlagen, der durch eine querbeschleunigungsabhängige Änderung des Verhältnisses von hinterer $\hat{c}_{h,ref}$ zu vorderer Achssteifigkeit des Referenzmodells $\hat{c}_{v,ref}$ und deren Absolutwerte nach einer linearen Adaptionsvorschrift charakterisiert ist. Die Achssteifigkeit beschreibt mathematisch linear die durch einen Achsschräglaufwinkel induzierte Achsseitenkraft [96, 105]. Der Achsschräglaufwinkel ist der Winkel zwischen der Achsmittelebene und der absoluten Bewegungsrichtung der Achse. Das Adaptionsgesetz der Achssteifigkeiten des Referenzmodells und der enthaltenen Kennfelder ist im Anhang A1 und in Tabelle 5 wiedergegeben, die Referenzmodellparameter in Tabelle 4. Es ist anzumerken, dass der Sollverlauf des querbeschleunigungsabhängigen Lenkradwinkelbedarfs in Abhängigkeit des Fahrbahnreibbeiwerts modelliert werden kann, hier aber nicht wird. Damit würde eine haptische und visuelle Rückmeldung über den Fahrzustand und die Kraftschlussgrenze an den Fahrer erlaubt.

Der Lenkradwinkelbedarf des Referenzmodells wird durch die Parametrierung der Adaptionsvorschrift dem von Serienfahrzeugen angepasst [65, 107, 129]. Der stationäre Lenkradwinkelbedarf und Wankwinkelverlauf über der Querbeschleunigung als auch der Verlauf der stationären Gierverstärkung über der Geschwindigkeit ist in Abbildung 5 des folgenden Abschnitts zusammen mit den Ergebnissen der Regelstrecke wiederzufinden. In Abbildung 6 und Abbildung 23 im Anhang A2 ist das quasistationäre Übertragungsverhalten zwischen Lenkradanregung und Gier-, Schwimmwinkel-, Querbeschleunigungs- und Wankwinkelreaktion des Referenzfahrzeugs dargestellt.

3.2 Modellierung und Auslegung der Regelstrecke

Dieser Abschnitt diskutiert die Modellierung und Detailauslegung der Regelstrecke dieser Arbeit. Es wird ein elektrifiziertes, urbanes Kleinfahrzeug mit
einem speziell für elektromotorische Antriebe entwickelten Fahrwerk betrachet.
Das Fahrwerk entspricht dem innovativen LEICHT-Konzept [23, 49, 50, 68].

3.2.1 Modellierung der Regelstrecke

Das LEICHT-Fahrwerk zeichnet sich kinematisch durch eine reine Linearbewe-
gung des Radträgers relativ zum Antrieb und der Karosserie aus. Gegenüber in
Serie eingesetzter Fahrwerke des Standes der Technik [44, 83, 112] existiert
somit kaum konstruktives Potential zur Realisierung einer Radträgerkinematik,
die in allen Auslegungslastfällen in einer akzeptablen, passiven Fahrdynamik
resultiert. Daher werden aktive Fahrwerksysteme in Bezug auf Fahrzeuge mit
LEICHT-Fahrwerk als fahrdynamisch sinnvoll betrachtet.

Zur effizienten Regelkonzeptvalidierung und -auslegung in der Simulation und
für fahrsimulatorische Untersuchungen wird ein echtzeitfähiges Simulationsmodell benötigt. Derartige Modelle basieren auf einer kennfeldbasierten Abbildung der Radträger- und Kraftelementbewegung [3]. Das bedeutet, die ganzheitliche Bewegung des Radträgers und der Kraftelemente des Fahrwerks wird in
Abhängigkeit sogenannter Minimalkoordinaten in Kennfeldern hinterlegt. Ein
solches Kennfeld beschreibt beispielsweise die Radträgerkinematik an einer un-
gelenkten Achse durch die drei Rotationen und die zwei Translationen des Radträgers abhängig von der Vertikaltranslation der Radnabe. Die Vertikaltranslation stellt die Minimalkoordinate dar. Zur Generierung der Kennfelder der Rad-
träger- und Kraftelementbewegung ist ein Mehrkörpermodell des Fahrzeugs mit
LEICHT-Fahrwerk zur Ableitung erforderlich. Dieses ist im Rahmen dieser
Arbeit innerhalb der Mehrkörpersimulationsumgebung Simpack® abgebildet
und grundlegend fahrdynamisch ausgelegt. Die fahrdynamische Grundauslegung
der als *LEICHT-Fahrzeug* zu bezeichnenden Regelstrecke erfolgt nach dem
Stand der Technik [44, 83, 87, 99]. Dabei werden die Fahrwerks- und Lenk-
geometrie als auch die Kraftelemente definiert. Aus dem Mehrkörpermodell wird
methodisch das kennfeldbasierte Echtzeitmodell abgeleitet. Die fahrdynamische
Detailauslegung des LEICHT-Fahrzeugs wird effizient auf Basis des Echtzeit-
modells durch Wahl von Lenkungs- und Stabilisatorparametern ermöglicht.

Grundlegende mechanische Kenngrößen des LEICHT-Fahrzeugs sind in Tabelle 6 im Anhang A2 hinterlegt.

Das LEICHT-Fahrzeug wird in einer echtzeitfähigen Simulationsumgebung in Matlab/ Simulink® abgebildet, die am IFS als sogenanntes 9-Massen-Modell mit 14 Freiheitsgraden des Fahrzeugmodells existiert [3, 4]. Das Modell leistet aufgrund seiner niedrigen Rechenzeiten einen Beitrag zu einer effizienten Validierung der integrierten Fahrdynamikregelung, zur Auswahl konkreter Modulmodelle des Regelkonzepts und zur Reglerauslegung. Eine Echtzeitsimulationsumgebung ist Voraussetzung für Fahrsimulatoruntersuchungen, die eine subjektive Validierung des Regelkonzepts erlauben [92].

Die Kraftelemente des LEICHT-Fahrzeugs setzen sich aus linearen Federn mit progressiven Anschlägen für die Begrenzung der Ein- und Ausfederung, Dämpfern mit weicher Druck- und harter Zugstufe und linearen Stabilisatoren zusammen [112]. Die Stabilisatorkräfte werden durch ein lineares Modell aus den Einfederungsdifferenzen gegenüberliegender Räder und konstanten Stabilisatorsteifigkeiten abgebildet. Für die Beschreibung der induzierten Kräfte und Momente zwischen Rädern und Fahrbahn fungiert das parametrisch und funktionell validierte Magic-Formula-Reifenmodell nach Version 5.2 [15, 96]. Reifen-Fahrbahn-Kontaktpunktgeometrie und –geschwindigkeiten als auch aerodynamische Kraft- und Momentenwirkungen sind auf Basis des Standes der Technik implementiert [112]. Die Modellierung der Lenkungssysteme als Schnittstelle zu den rheonom modellierten Zahn- bzw. Hubstangen an Vorderbzw. Hinterachse des LEICHT-Fahrzeugs erfolgt analog zur Literatur [98, 99]. Die Stangenpositionen sind neben der Vertikalbewegung der Radträger die zweite Abhängigkeit der Radträgerkinematikkennfelder und werden zur kennfeldbasierten Berechnung der Radträgerkinetik benötigt.

Diese Arbeit zeigt die Funktionalität der integrierten Fahrdynamikregelung im Kontext der mechanischen Überlagerungslenkung auf. Die Komplexität zur Ansteuerung einer mechanischen Überlagerungslenkung übersteigt aufgrund der Betrachtung eines schwingungsfähigen, elektromechanischen Systems die Komplexität rein elektrisch aktuierter Lenkgetriebe ohne mechanischen Durchgriff. Die in Abschnitt 2.1.1 für das Regelkonzept dieser Arbeit ausgewählte aktive Vorderachsüberlagerungslenkung auf Basis eines Wellgetriebes wird durch die Kombination eines mechanischen Lenkungsmodells mit zwei Freiheitsgraden nach Pfeffer [98] mit einem in Hochrein [47] modellierten Wellgetriebe abgebildet, siehe auch Abbildung 1. Das mechanische Lenkungsmodell kann einerseits eine reale Lenkungsdynamik hinreichend gut abbilden, da es die Steifigkeit, Dämpfung und Trägheit der mechanischen Elemente berücksichtigt. Andererseits ist das Modell durch seine geringen numerischen Anforderungen echtzeitfähig [98]. Die Integration des Wellgetriebes in das mechanische Lenkungsmodells nach Pfeffer [98] erfolgt sonnenradseitig durch die Anbindung der Lenksäule und des Lenkrades. Hohlradseitig wird das Lenkgetriebe angekoppelt. Die Wellengeneratorwelle des Wellgetriebes fügt dem Lenkungssystem über die Anbindung an das Planetenrad einen zusätzlichen, rotatorischen Freiheitsgrad zur aktiven Beeinflussung der Achsseitenkräfte an der Vorderachse der Regelstrecke hinzu. Die Dynamik der Rotationsbewegung des Wellengenerators wird durch ein PT2-Übertragungsverhalten mit einer zu einem PT1-Verhalten äquivalenten Zeitkonstante von 10,8 ms abgebildet. Unter Vernachlässigung von Totzeiten durch Kommunikationsschnittstellen liegt die Zeitkonstante der Aktordynamik realer aktiver Lenkungssysteme bei etwa 10 bis 30 ms [86]. Die Bilanzierung des Aktorenergiebedarfs erfolgt auf Basis eines Modells des elektromechanischen Systems der Überlagerungslenkung. Darin wird der Wellengeneratorwinkel durch das Aktormoment unter Berücksichtigung des Motorwirkungsgrades des Winkelstellmotors eingeregelt. Eine Hilfskraftunterstützung der Lenkung, wie sie in herkömmlichen Fahrzeugen vorhanden ist [99], wird in dieser Arbeit aus Umfangsgründen nicht betrachtet. Die Hilfskraftunterstützung ist allerdings ein relevanter Ansatzpunkt zur Anpassung der Überlagerungslenkung an ein vom Fahrer gewünschtes Lenkgefühl [116]. Ebenso werden Reibungseffekte nicht abgebildet. Als Messwerte stehen serienmäßig das Aktormoment, die Verdrehung des Wellengenerators und die Verdrehung der starr angenommenen Hohlradwelle über den Ritzwelwinkelsensor zur Verfügung [57, 99, 135].

Analog zur Vorderachsüberlagerungslenkung erfolgt die Modellierung der in Zentralstellerbauweise ausgeführten Hinterachslenkung über den Freiheitsgrad der Hubstange. Die Dynamik der Hubstangentranslation wird als PT2-Dynamik mit einer PT1-äquivalenten Zeitkonstante von 10,8 ms abgebildet. Messtechnisch werden das Motormoment und die Hubstangenposition erfasst [99].

Ein Antriebsstrangmodell und ein Bremsmodell bestimmen die Radmomente. Diese Momente stellen die Schnittstellengrößen zu den Rad- und Radträgerfreiheitsgraden des Echtzeitfahrzeugmodells dar. Die Dynamik der sowohl antreibend als auch rekuperativ betriebenen Radmotoren wird durch ein PT2-Übertragungsverhalten mit einer PT1-äquivalenten Zeitkonstanten von 10,8 ms abgebildet. Diese Dynamik des Radmomentenaufbaus liegt im Berich üblicher permanenterregter Synchronmaschinen und elektrohydraulischer Bremssysteme

[35, 122]. Der drehzahl- und drehmomentabhängige Wirkungsgrad wird kenn-feldbasiert bei der energetischen Bilanzierung berücksichtigt. Der Wirkungsgrad-verlauf eines Elektromotors für eine konstante Motordrehzahl ist in Abbildung 32 des Anhangs A15 wiedergegeben. Dieser ist typisch für eine permanenterreg-te Synchronmaschine [16], die für den radindividuellen Antrieb eines Stadtfahr-zeugs eingesetzt wird. Die Energiebedarfsbetrachtung des elektrischen Antriebs-strangs wird pragmatisch auf die elektrischen Maschinen beschränkt. Die moto-rische Leistungsbegrenzung erfolgt über die Berücksichtigung einer drezahl-abhängigen Kennlinie des betraglich maximalen Motormoments und ein Thévenin-Batteriemodell [22], das in Lazouane [75] beschrieben wird. Die Leis-tung kann folglich durch das Produkt aus Drehzahl, Drehmoment und rezipro-kem Wirkungsgrad bilanziert werden. Differenzbremsmomente zu dem maxi-malen Rekuperationsradmoment werden für das LEICHT-Fahrzeug durch elektrohydraulische Bremsaktoren erzeugt. Die Dynamik des Bremsmomenten-aufbaus [57, 122] wird der Praktikabilität halber identisch zu der, der Traktions- und Rekuperationsmotoren gewählt. Die Dynamik aller aktiven Fahrwerksyste-me dieser Arbeit stimmt damit überein, da deren Zeitkonstanten realistisch ge-wählt sind. Eine energetische Bilanzierung des elektrohydraulischen Bremsmo-mentenaufbaus basiert auf der Generierung des Bremsdrucks.

Ein validierender Abgleich zwischen dem Mehrkörpermodell und dem 9-Massen-Modell des LEICHT-Fahrzeugs sichert die Aussagekräftigkeit des echt-zeitfähigen Fahrzeugmodells und legitimiert die Nutzung dessen im Rahmen der Konzeption der in dieser Arbeit beschriebenen integrierten Fahrdynamikrege-lung. Der Abgleich zwischen den beiden Modellwelten in Bezug auf das LEICHT-Fahrzeug ist in Ahlert et al. [4] dargestellt.

3.2.2   Kriterien der fahrdynamischen Detailauslegung der Regelstrecke

Die fahrdynamische Detailauslegung des LEICHT-Fahrzeugs geschieht in dieser Arbeit durch die Wahl von Lenkungs- und Stabilisatorparametern. Diese Para-meter vermögen die Anpassung der aufgrund von Lenkeingaben des Fahrers und der induzierten Radlastverlagerung resultierenden Querdynamik. Es handelt sich daher um eine Detailauslegung der Querdynamik der Regelstrecke. Die Detail-auslegung dient auf Basis der fahrdynamischen Grundauslegung dazu, die Syner-giepotentiale aus passiven und aktiven Fahrwerkkomponenten zu erschließen. Zum einen besteht eine Zielanforderung in der Berücksichtigung des Energie-bedarfs der aktiven Fahrwerksysteme bei der Aufprägung der Referenzdynamik durch die integrierte Fahrdynamikregelung. Dieser Bedarf hängt maßgeblich von der Auslegung des Fahrwerks der Regelstrecke ab. Das heißt, eine Fahrwerkauslegung unter Berücksichtigung des Referenzmodells unterstützt die Umsetzung einer energieeffizienten Fahrdynamikregelung. Zum anderen soll auch bei einem Komplettausfall der aktiven Fahrwerksysteme ein sicheres und kontrollierbares Fahrverhalten der passiven Regelstrecke resultieren [27]. Dies erfordert eine Detailauslegung des passiven LEICHT-Fahrzeugs unter Sicherheitsaspekten. Das passive LEICHT-Fahrzeug wird als querdynamisch passiv definiert. Das heißt, es zeichnet sich durch eine Gleichverteilung der Radmomente zur Umsetzung der längsdynamischen Anforderungen aus, die vom Fahrer oder von einem Tempomaten gestellt werden. Die Auslegung nach Gesichtspunkten der Energieeffizienz setzt ein vorhandenes Referenzmodell voraus und ist nur für dieses valide. Wird eine Veränderung des Referenzmodells vorgenommen, kann sich der zur Fahrverhaltensaufprägung notwendige Aktorenergiebedarf in Abhängigkeit der Dynamikunterschiede zwischen Referenzmodell und passiver Regelstrecke stark verändern.

Die Methodik der querdynamischen Detailauslegung betrachtet das stationäre Fahrverhalten des LEICHT-Fahrzeugs unter dem energetischen und sicherheitsrelevanten Auslegungskriterium. Die querdynamische Detailauslegung des LEICHT-Fahrzeugs erfolgt durch Anpassung der Stabilisatorsteifigkeiten, Lenksäulenelastizität und Lenkgetriebeübersetzung der Vorderachslenkung im 9-Massen-Modell. Dieses erlaubt eine rechenzeiteffiziente Parametervariation, die für einen iterativen Auslegungsprozess vorteilhaft ist.

Da es sich beim LEICHT-Fahrzeug um ein urbanes Elektroautomobil handelt, das sich zumeist in der Stadt oder zwischen nahegelegenen Städten bewegt, wird eine mittlere Fahrgeschwindigkeit von 30 km/h angenommen. Diese Durchschnittsgeschwindigkeit ist in europäischen Großstädten als realistisch zu betrachten [8, 24]. Das energetische Auslegungskriterium für das passive Fahrverhalten wird als Übereinstimmung des stationären Fahrverhaltens mit dem des Referenzmodells bei 30 km/h definiert. Für das sicherheitskritische Kriterium der Fahrverhaltensauslegung wird für die stationäre Gierverstärkung des passiven LEICHT-Fahrzeugs eine geschwindigkeitsunabhängige Begrenzung auf einen Maximalwert von 0,3 1/s angestrebt. Die stationäre Gierverstärkung ausgelegter Serienfahrzeuge befindet sich im Intervall zwischen 0,13 1/s und 0,32 1/s [44, 52, 65, 87, 129]. Gierverstärkungsfaktoren oberhalb 0,3 1/s bedeuten eine hohe Gierreaktion und stationäre Querbeschleunigungsreaktion des Fahrzeugs auf Fahrerlenkradwinkeleingaben. Diese Reaktion soll beim passiven, urbanen

LEICHT-Fahrzeug konservativ limitiert sein, worin die Beschränkung der Gierverstärkung auf den Wert von 0,3 1/s begründet liegt.

Die querdynamische Detailauslegung des LEICHT-Fahrzeugs auf Basis der beiden Auslegungskriterien erfolgt durch eine methodische Berücksichtigung der
Wechselwirkungen in den Einflüssen der Modellparameter auf die Fahrdynamik.
Das ausgelegte, stationäre Fahrverhalten der Regelstrecke wird im nachfolgenden Abschnitt diskutiert.

3.2.3   Ergebnis der Auslegung der Regelstrecke

Die auf Energieeffizienz und Sicherheit basierende Systematik der Detailauslegung des LEICHT-Fahrzeugs ergibt dessen in Abbildung 5 dargestellte, stationäre Verläufe. Die Abbildung zeigt den querbeschleunigungsabhängigen Lenkradwinkelbedarf bzw. das Eigenlenkverhalten in Abbildung 5a), das ebenfalls
querbeschleunigungsabhängige Wankverhalten in Abbildung 5c) und die
geschwindigkeitsabhängige stationäre Gierverstärkung in Abbildung 5b) für das
LEICHT-Fahrzeug und das Referenzmodell aus Abschnitt 3.1. Das Eigenlenk-
und Wankverhalten wird durch die fahrergeregelte Fahrt auf einer Kreisbahn mit
einem Radius von 100 m ermittelt [55]. Der Verlauf der stationären Gierverstärkung beruht zur Einhaltung des bei einem Fahrbahnreibbeiwert von 1 vorherrschenden linearen Fahrdynamikbereichs bis 4 m/s² [104] auf einer Kreisfahrt mit
einem Radius von 800 m bei konstanter Längsbeschleunigung von 0,125 m/s².

Die Abbildung 5b) verdeutlicht die Übereinstimmung der stationären Gierverstärkung des passiven LEICHT-Fahrzeugs und des Referenzmodells der Fahrdynamikregelung im Geschwindigkeitsbereich um 30 km/h. Aus Abbildung 5a)
wird ein annähernd identischer Verlauf der beiden Modelle bezüglich des Lenkradwinkelbedarfs bzw. des Eigenlenkgradienten bis 4 m/s² geschlossen. Damit
wird dem energetischen Auslegungskriterium entsprochen. Das sicherheitskritische Auslegungskriterium wird durch die Beschränkung der stationären Gierverstärkung des passiven LEICHT-Fahrzeugs bei charakteristischer Geschwindigkeit von 76 km/h auf einen Wert von 0,265 1/s realisiert. Demgegenüber
ergibt sich hinsichtlich des Referenzmodells eine stationäre Gierverstärkung von
0,257 1/s bei dessen charakteristischer Geschwindigkeit von 77 km/h. Die in
Abbildung 5c) dargestellten Wankverhalten des passiven LEICHT-Fahrzeugs
und Referenzmodells stimmen bis zu höheren Querbeschleunigungen gut über-

ein. Die Wankwinkelgradienten entsprechen fahrdynamisch ausgelegten Limousinen der Serienproduktion [129].

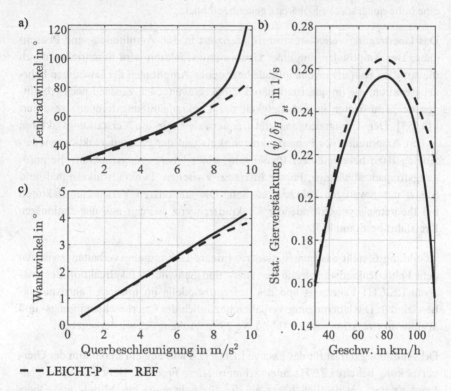

Abbildung 5: Stationäres Eigenlenk-, Gier- und Wankverhalten (a), b), c)) des passiven LEICHT-Fahrzeugs (*LEICHT-P*) und des Referenzfahrzeugs der Fahrdynamikregelung (*REF*)

Eine etablierte mathematische Beschreibung für den Zusammenhang zwischen Fahrerlenkradwinkel und Fahrzeugreaktion ist das Übertragungsverhalten. Ein fahrdynamisches Übertragungsverhalten wird in Abhängigkeit der Lenkradfrequenz angegeben [26]. Die Bestimmung des Übertragungsverhaltens für das LEICHT-Fahrzeug basiert auf den Simulationsergebnissen bei Gleitsinuslenken, das sich durch einen zeitlich linearen Anstieg der Lenkradanregungsfrequenz bis zu 5 Hz bei konstanter Lenkradamplitude und Fahrgeschwindigkeit auszeichnet [26]. Das Übertragungsverhalten der jeweiligen Fahrzeugreaktion wird durch Schätzung der spektralen Leistungsdichte des Eingangssignals und der spektralen Kreuzleistungsdichten der Ausgangssignale und anschließender Quotientenbildung erhalten [5]. Eine valide geschätzte Übertragungsfunktion ist durch eine hohe quadratische Kohärenz gekennzeichnet.

Das Übertragungsverhalten wird differenziert in den Amplituden- und Phasengang. Der Amplitudengang einer Übertragungsfunktion wird beschrieben durch die auf die Lenkradwinkelamplitude bezogenen Amplituden der jeweiligen Fahrzeugreaktion, die im quasistationären, eingeschwungenen Zustand nach Abklingen der Transienten in Abhängigkeit der Lenkradanregungsfrequenz resultiert [44, 53]. Der Amplitudengang gibt frequenzabhängig die Verstärkungsfaktoren in den Amplituden des Fahrerlenkradwinkels und der Fahrzeugreaktion wieder. Analog dazu beschreibt der Phasengang einer Übertragungsfunktion die anregungsfrequenzabhängige Phasendifferenz zwischen Lenkradwinkelsignal und Signal der jeweiligen Fahrzeugreaktion. Die stationären Verstärkungsfaktoren bei theoretisch verschwindender Lenkradfrequenz werden aus der stationären Kreisfahrt bestimmt [55].

Abbildung 6 stellt das quasistationäre, lineare Übertragungsverhalten zwischen dem Fahrerlenkradwinkel und der Gier- und Schwimmwinkelreaktion des passiven LEICHT-Fahrzeugs und des Referenzmodells im linearen Fahrdynamikbereich dar. Die Übertragungsverhalten bezüglich der Querbeschleunigungs- und Wankwinkelreaktion sind in Abbildung 23 im Anhang A2 wiedergegeben.

Der Abbildung 6a) ist für das passive LEICHT-Fahrzeug ein Maximum der Gierverstärkung bei circa 2,3 Hz zu entnehmen. Diese Frequenz stellt eine Giereigenfrequenz dar, die deutlich höher als die für Fahrzeuge des Mittel- und Oberklassesegments üblich ist [44, 65]. Hohe Giereigenfrequenzen sind indes charakteristisch für sportliche Fahrzeuge [44]. Gierdämpfung und Gierphasengang entsprechen den für Serienfahrzeuge üblichen Verläufen [65]. Ebenso weisen für das passive LEICHT-Fahrzeug der Amplituden- und Phasengang des Schwimmwinkels die charakteristischen Verläufe der für Mittel- und Oberklassefahrzeuge üblichen Eigenschaften auf [65]. Die stationären Verstärkungsfaktoren sind als schwarze Kreise in den Amplitudengängen Abbildung 5a) und b) dargestellt.

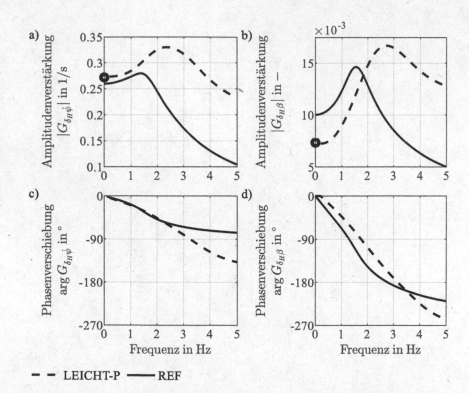

Abbildung 6: Übertragungsverhalten von Gierrate und Schwimmwinkel als Reaktion auf eine Lenkradwinkeleingabe bei konst. Geschwindigkeit von 80 km/h; a), b) Amplitudenverstärkungen $|G_{\delta_H\dot\psi}|$, $|G_{\delta_H\beta}|$, c), d) Phasenverschiebungen arg $G_{\delta_H\dot\psi}$, arg $G_{\delta_H\beta}$

Aus dem Abgleich der Abbildung 6 mit Abbildung 23 ist eine relevante Kopplung des Gier- und Wankverhaltens des LEICHT-Fahrzeugs abzuleiten. Dies ist insbesondere am Übertragungsverhalten des Lenkradwinkels auf die Querbeschleunigung festzumachen, dessen Amplituden- und Phasengang im Bereich der Giereigenfrequenz eine Erhöhung der Amplitudenverstärkung und Reduktion der Phasenverschiebung aufweist, vgl. Abbildung 23 im Anhang A2. Nachfolgend wird die in Kapitel 2 konzipierte Fahrdynamikregelung dieser Arbeit im Detail entwickelt.

4 Entwicklung der Fahrdynamikregelung

In diesem Kapitel wird die in Abschnitt 2.3 konzeptionell motivierte integrierte Fahrdynamikregelung im Detail entwickelt. Die Inhalte sind entsprechend der Module des Regelkonzepts strukturiert. Demnach werden die Themengebiete der Zustands- und Parameterfilterung des Reglerentwurfsmodells, des Steuer- und Regelgesetzes und der modellprädiktiven Stellgrößenallokation diskutiert. Die im vorigen Kapitel beschriebenen Modelle für die Referenzfahrdynamik und die Regelstrecke fungieren als Basis der Entwicklung.

4.1 Zustands- und Parameterfilterung des Reglerentwurfsmodells

Das Regelkonzept dieser Arbeit basiert auf einem Modell der Regelstrecke. Die Zustände und Parameter dieses Reglerentwurfsmodells werden systemdynamisch gefiltert.

4.1.1 Relevanz der Zustands- und Parameterfilterung für das Regelkonzept

Die effiziente Anwendbarkeit der integrierten Fahrdynamikregelung auf unterschiedliche Fahrzeuge und Fahrzeugvarianten ist insbesondere bei der methodischen Konzeptauswahl aktiver Fahrwerksysteme im Fahrwerkentwicklungsprozess relevant. Dies erfordert einen effizienten Identifikationsprozess der Reglerentwurfsmodelle, der eine geringe Komplexität der physikalischen Fahrdynamikmodelle voraussetzt. Die Wahl linearer, minimalkomplexer Modelle mit linearem Reifenkraftmodell realisiert das in Abschnitt 2.3 beschriebene, effizient und robust lösbare, konvex quadratische modellprädiktive Optimierungsproblem zur Stellgrößenallokation und erlaubt die Anwendbarkeit bewährter linearer Reglerentwurfsmethoden [30]. Gleichzeitig soll das Reglerentwurfsmodell zeitlich veränderliche Parameter berücksichtigen, die aus veränderten Fahrzuständen, Fahrbahn- und Umgebungsbedingungen oder unterschiedlichen Beladungszuständen der Regelstrecke resultieren können. Diese adaptiven Parameter des Reglerentwurfsmodells reduzieren den Identifikationsaufwand zudem, da wenig bis keine Informationen a priori über deren Werte benötigt werden. Die Parameter werden zur Laufzeit ermittelt. Das Reglerentwurfsmodell dieser Arbeit

A. G. Fridrich, *Ein integriertes Fahrdynamikregelkonzept zur Unterstützung des Fahrwerkentwicklungsprozesses*, Wissenschaftliche Reihe Fahrzeugtechnik Universität Stuttgart, https://doi.org/10.1007/978-3-658-32274-8_4

weist adaptive Achssteifigkeiten auf. Damit gelingt die mathematisch lineare Beschreibung der induzierten Achsseitenkraft bei einem spezifischen Aktivlenkwinkel. Diese Linearität wird innerhalb der modellprädiktiven Stellgrößenallokation benötigt. Zusätzlich kann das adaptive Reglerentwurfsmodell weitere Adaptionsparameter beinhalten, um das Modell verbessert an den Fahrzustand der Regelstrecke anzupassen. Es wird angestrebt, dass das minimalkomplexe Reglerentwurfsmodell die Fahrzeugdynamik der Regelstrecke hinreichend genau abbildet. Das Konzept der stochastisch optimalen Filterung der Zustände und Parameter eines linearen Reglerentwurfsmodells ermöglicht die optimale Bestimmung der adaptiven Modellparameter. Darüber hinaus wird die Rekonstruktion nichtmessbarer Zustandsgrößen der Regelstrecke ermöglicht, die zur Regelung mit Serienmesstechnik benötigt werden. Dazu zählt hinsichtlich der Horizontaldynamik der Schwimmwinkel.

Nachfolgend wird nach einer Diskussion der Methode der stochastisch optimalen Zustands- und Parameterfilterung die Modellauswahl und detaillierte Konzeption des Filters beschrieben. Dies erfordert die Formulierung eines Filtermodells und die Auslegung des Filters.

4.1.2   Methode der Zustands- und Parameterfilterung

Ein Beobachter bzw. Filter bestimmt modellbasiert aus den Ein- und Ausgangssignalen eines Systems in endlicher Zeit die Zustände des Systems [2]. Damit können nicht messbare Zustände einer Regelstrecke ermittelt werden. Auf selbe Weise können Zustände rekonstruiert werden, die aufgrund der hohen Sensorkosten wirtschaftlich nicht sinnvoll messbar sind. Dies trifft in besonderer Weise auf den Fahrzeugschwimmwinkel zu [11, 42, 132]. Voraussetzung für die Filterung von Systemzuständen ist die Systemeigenschaft der Beobachtbarkeit [53, 80]. In technischen Systemen liegt hinsichtlich der Ein- und Ausgangssignale eine vom Messprinzip abhängige Unsicherheit vor, die als Messrauschen bezeichnet wird [108]. Daneben existiert das Prozessrauschen, das sowohl die Unsicherheit in der mathematischen Modellierung der zu filternden Systemdynamik als auch die Auswirkungen verrauschter Eingangsgrößen auf den Modellprozess beschreibt [108]. Das Mess- und Prozessrauschen können mit Methoden der stochastischen Filterung berücksichtigt werden [108]. Eine stochastisch optimale Filterung ist durch eine Minimierung des statistischen Fehlers zwischen der wahrscheinlichkeitsverteilten realen Größe und der Schätzgröße charakterisiert [39]. Die Modellierung des Prozess- und Messrauschens erfolgt analog zu den technischen Anwendungen in der Literatur [11, 28, 89, 94, 102] durch voneinander unabhängiges, lineares und mittelwertfreies gaußsches Rauschen. Das stochastisch optimale Filter für gaußsche Rauschprozesse ist das Kalman Filter [108, 115].

Zur Erfüllung der Anforderungen an einen effizienten Parametrierungsprozess des minimalkomplexen, linearen Reglerentwurfsmodells sind adaptive Modellparameter nötig. Die Parameteradaption vermag neben der Reduktion des Parametrierungsaufwands des Reglerentwurfsmodells veränderte Fahrzustände abzubilden, die beispielsweise durch wechselnde Fahrbahnverhältnisse oder unterschiedliche Fahrzeugbeladung resultieren. Gleichzeitig soll der Schwimmwinkel der Regelstrecke rekonstruiert werden. Die Messgrößen der Gierrate, der Wankrate und der Querbeschleunigung sind zu filtern, um das Sensorrauschen zu reduzieren und die Abbildegüte der Messwerte zu erhöhen. Die Filterung bezieht daher neben den Adaptionsparametern auch die fahrdynamischen Zustände der Regelstrecke mit ein. Dazu bedarf es einer kombinierten Filterung der Zustände und Parameter des linearen Reglerentwurfsmodells. In dieser Arbeit wird der Ansatz zur gemeinsamen Filterung der Zustände und Parameter in einem erweiterten Filterzustandsvektor des Filtermodells ausgewählt (sog. Joint Approach [130]). Das Filter basiert auf diesem Filtermodell. Gegenüber einer separaten Schätzung der Parameter und der Übergabe dieser an ein reines Zustandsfilter (sog. Dual Approach) zeigt Nelson [91] die Vorteilhaftigkeit hinsichtlich der Filtergüten des gemeinsamen Filteransatzes auf.

Für die Anwendbarkeit linearer Reglerentwurfsmethoden und die modellprädiktive Stellgrößenallokation wird ein lineares Reglerentwurfsmodell gefordert, vgl. Abschnitt 2.3. Das Filtermodell bildet die Zustände und Parameter des linearen Reglerentwurfsmodells in einem erweiterten Zustand ab und ist damit nichtlinear. Daher ist zwischen dem (zustands)linearen, adaptiven Reglerentwurfsmodell und dem (zustands)nichtlinearen Filtermodell zu unterscheiden. Für nichtlineare Filtermodelle eignet sich insbesondere das Unscented Kalman Filter (kurz UKF). Dieses differentiationsfreie Filter weist gegenüber differenzierenden Verfahren einen geringeren Rechenaufwand bei identischer Filtergüte auf [130, 134] und zeichnet sich durch eine Erhöhung der Robustheit der Schätzung aus [11]. Differentiationsfreie Filter verlangen keine Differenzierbarkeit des stochastischen Filtermodells [108, 115]. Die Laufzeitanwendung des Unscented Kalman Filters zur Zustands- und Parameterschätzung im fahrdynamischen Kontext wird z.B. in [11, 29, 89] bestätigt. Die Laufzeitschätzung auf Basis des UKF ergibt innerhalb eines jeden diskreten Filterzeitschritts ein bezüglich des linearen

Reglerentwurfsmodells optimales Abbild der Regelstrecke. Dies gilt für lineare als auch nichtlineare Fahrzustände, wobei Mess- und Modellunsicherheiten sowie variable Totzeiten berücksichtigt werden können [94]. Nachfolgend wird das Reglerentwurfsmodell ausgewählt und beschrieben, dessen Zustände und Parameter die Zustände des Filtermodells definieren.

4.1.3 Adaptives Reglerentwurfsmodell der Querdynamik

Die Gruppe der linearen Einspurmodelle erfüllt die grundsätzlichen Anforderungen an das Reglerentwurfsmodell dieser Arbeit. Lineare Einspurmodelle stellen eine mathematische Beschreibung der ebenen Fahrdynamik dar. Die Horizontaldynamik der Regelstrecke soll durch die Aktoransteuerung auf Basis des Fahrdynamikregelkonzepts gezielt der Referenzdynamik angeglichen werden. Lineare Einspurmodelle bilden zudem den Achsschräglaufwinkel über die Achssteifigkeiten linear auf die Achsseitenkraft ab. Diese Eigenschaft wird innerhalb der modellprädiktiven Stellgrößenverteilung zur Ansteuerung der Aktivlenkungen benötigt, um ein konvex quadratisches Optimierungsproblem zu erhalten, vgl. Abschnitt 2.3. Überdies sind lineare Einspurmodelle durch ihre geringe Komplexität recheneffizient. Durch deren Verwendung im Fahrdynamikregelkonzept dieser Arbeit wird zur Echtzeitfähigkeit auf Fahrzeugsteuergeräten beigetragen. Die Auswahl linearer Modelle geringer Komplexität ist im Kontext der optimalen Filterung zulässig, da parametrische Modellunsicherheiten und unmodellierte Dynamik der Regelstrecke im Filterprozess berücksichtigt werden [31, 94]. Aus der Gruppe der linearen Einspurmodelle wird zur Abbildung der Dynamik des LEICHT-Fahrzeugs ein wankerweitertes Einspurmodell spezifiziert. Dieses bildet die Kopplung der Horizontal- und Wankdynamik mit geringer mathematischer Komplexität explizit ab. Relevant ist diese Modellierung insbesondere, da für das LEICHT-Fahrzeug aus dem stationären Übertragungsverhalten eine relevante Gier-Wank-Kopplung zu identifizieren ist, vgl. Abschnitt 3.2.3. Die Gleichungen des wankerweiterten linearen Einspurmodells werden im Folgenden beschrieben.

Darüber hinaus werden innerhalb des Kapitels 5 zusätzliche, weniger komplexe Reglerentwurfsmodelle auf Basis des ebenen linearen Einspurmodells verwendet. Diese Modelle sind in Tabelle 3 gelistet. Sie dienen bei der Validierung des Fahrdynamikregelkonzepts zur Validierung und Auswahl desjenigen Reglerentwurfsmodells, mit dem im Kontext des LEICHT-Fahrzeugs die Referenzmodellfolge bestmöglich umzusetzen ist. Die zusätzlichen Reglerentwurfsmodelle lassen sich systematisch aus dem explizit im Folgenden beschriebenen Modell durch Vernachlässigung von Gleichungen und Konstantsetzung von Parametern ableiten. Die Voraussetzung an Reglerentwurfsmodelle ist deren eindeutige Invertierbarkeit, die zur Ableitung der Modellfolgesteuerung und –regelung erforderlich ist [73]. Die Invertierbarkeit ist hinsichtlich der in dieser Arbeit betrachteten linearen Einspurmodelle gegeben.

Die mathematische Beschreibung des zeitkontinuierlichen, wankerweiterten linearen Einspurmodells (kurz WESM) ist in Gl. 4.1 als Zustandsraummodell unter Annahme kleiner Winkel und einer ebenen Fahrbahn wiedergegeben. Der Abstand der Wankachse zum Schwerpunkt bzw. der Wankhebelarm $\hat{z}_w$ wird an Vorder- und Hinterachse zur Reduktion der Parameteranzahl identisch angenommen. Die Matrizen des Zustandsraummodells sind detailliert in Gl. A.3 des Anhangs A3 beschrieben.

$$\dot{x}_{WESM} = A_{WESM} x_{WESM} + B_{WESM} u_{WESM} + E_{WESM} z_{WESM},$$

$$x_{WESM} = \left[\dot{\psi}, \beta, \varphi, \dot{\varphi}\right]^T, u_{WESM} = \left[M_z^{virt}, F_y^{virt}\right]^T,$$

$$z_{WESM} = \left[M_{z,TV}, \delta_v, \delta_h\right]^T,$$

$$A_{WESM} = \left(A_{ij}\right), B_{WESM} = \left(B_{ij}\right), E_{WESM} = \left(E_{ij}\right), \text{mit} \qquad \text{Gl. 4.1}$$

$$A_{ij} = A_{ij}(v, m, J_{xx}, J_{zz}, l_v, l_h, \hat{z}_w, \hat{c}_v, \hat{c}_h, c_w, d_w); \ i, j = 1..4,$$

$$B_{ij} = B_{ij}(v, m, J_{xx}, J_{zz}, \hat{z}_w); \ i = 1..4, j = 1..2,$$

$$E_{ij} = E_{ij}(v, m, J_{xx}, J_{zz}, l_v, l_h, \hat{z}_w, \hat{c}_v, \hat{c}_h); \ i = 1..4, j = 1..3.$$

In Gl. 4.1 werden die Zustände x_{WESM} des wankerweiterten Einspurmodells durch die Gierrate $\dot{\psi}$, den Schwimmwinkel β, den Wankwinkel φ und die Wankrate $\dot{\varphi}$ dargestellt. Die systemdynamischen Eingangsgrößen sind durch das virtuelle Giermoment M_z^{virt} und die virtuelle Seitenkraft F_y^{virt} mit Wirkung auf den horizontierten Schwerpunkt beschrieben. Diese virtuellen Stellgrößen stellen die systemdynamischen Eingangsgrößen des Reglerentwurfsmodells dar, da auf deren Basis das Steuer- und Regelgesetz abgeleitet wird. Das durch allradindividuelle Momentenverteilung induzierte Giermoment $M_{z,TV}$ und die Achslenkwinkel an der Vorder- und Hinterachse δ_v und δ_h werden im Reglerentwurfsmodell in Gl. 4.1 als Störgrößen aufgefasst. Die Störgrößen haben über die Störgrößenmatrix E_{WESM} Auswirkung auf die Systemdynamik. Der Fahrer beeinflusst über den Lenkradwinkel den Vorderachslenkwinkel δ_v. Die Längsdynamikanforderung über die Fahrpedalstellung oder einen Tempomaten wird über die Fahrgeschwindigkeit v abgebildet, die einen Modellparameter darstellt.

Die Achssteifigkeiten an Vorder- und Hinterachse $\hat{c}_v$, $\hat{c}_h$ und der Wankhebelarm $\hat{z}_w$ werden innerhalb der System-, Eingangs- und Störgrößenmatrix A_{WESM}, B_{WESM} und E_{WESM} als adaptive Parameter angenommen. Adaptive Parameter sind durch das Zirkumflexsymbol gekennzeichnet. Die Achssteifigkeiten und der Wankhebelarm stellen im wankerweiterten linearen Einspurmodell Parameter mit hohem Einfluss auf die Horizontal- und Wankdynamik dar. Ihre Adaption an den Fahrzustand des LEICHT-Fahrzeugs bietet somit das Potential zur optimalen Beschreibung der Dynamik der Regelstrecke. Die Achssteifigkeiten werden analog zur Literatur [18, 28, 86, 89, 94, 114] als Adaptionsparameter festgelegt. Da die Achssteifigkeiten einen linearen mathematischen Zusammenhang zwischen einem Achsschräglauf- bzw. Aktivlenkwinkel und der Achsseitenkraft herstellen, werden diese in der modellprädiktiven Stellgrößenallokation zur Ansteuerung der Aktivlenkungen benötigt, vgl. Abschnitt 2.3.1. Der Wankhebelarm ist im wankerweiterten linearen Einspurmodell eine Schnittstellengröße zwischen der Horizontal- und Wankdynamik. Somit bietet die Einführung eines adaptiven Wankhebelarms das Potential, die hinsichtlich des LEICHT-Fahrzeugs relevant gekoppelten Dynamiken (vgl. Abschnitte 3.2.3 und A2) angepasst an den Fahrzustand physikalisch aufzulösen. Zudem dient eine Adaption des Wankhebelarms der Berücksichtigung der Fahrzustandsabhängigkeit der Wankachse [83]. Da das Reglerentwurfsmodell aufgrund seiner gegenüber der Regelstrecke reduzierten Komplexität die Dynamik des LEICHT-Fahrzeugs nicht exakt modelliert, existiert im Reglerentwurfsmodell unmodellierte Dynamik [119]. Diese unmodellierte Dynamik ist je nach Fahrzustand der Regelstrecke im Verhältnis zur modellierten Dynamik unterschiedlich relevant. Die Auswahl der Adaptionsparameter dieser Arbeit verfolgt insbesondere das Ziel, sowohl die unmodellierte Horizontaldynamik als auch die unmodellierte Wankdynamik durch die Parameteradaption abzubilden. Die unmodellierte Horizontaldynamik soll in den adaptiven Achssteifigkeiten enthalten sein, die unmodellierte Wankdynamik in der Wankhebelarmadaption erfasst werden. In diesem Sinne soll durch die Wahl von dynamikkoppelnden Adaptionsparametern eine Trennung unmodellierter Horizontal- und Wankdynamik realisiert werden.

Die Matrizenelemente A_{ij}, B_{ij} und E_{ij} sind abhängig von den konstanten und adaptiven Modellparametern. Die Masse m, das Wank- und Gierträgheitsmoment J_{xx}, J_{zz}, die Abstände von Vorder- bzw. Hinterachse zum Fahrzeugmodellschwerpunkt l_v, l_h als auch die Wanksteifigkeit c_w und die Wankdämpfung d_w sind konstant. Die Achssteifigkeit wird arbeitspunktabhängig definiert, d. h. sie beschreibt den Quotienten aus Achsseitenkraft und Achsschräglaufwinkel. Alternativ existiert die Definition der Achssteifigkeit als Gradient der Seitenkraft bezüglich des Schräglaufwinkels bei verschwindendem Schräglaufwinkel [44, 87, 96]. Die arbeitspunktabhängige Achssteifigkeit realisiert damit gegenüber der gradientenbasierten Definition auch im Bereich der nichtlinearen Reifenseitenkraftkennlinie eine lineare Abbildung der Achsseitenkraft [42].

Die Anwendung des Reglerentwurfsmodells für die Fahrdynamikregelung bedarf der Festlegung der konstanten Modellparameter. Die adaptiven Modellparameter müssen sinnvoll initialisiert werden. Die Bestimmung der Parameter des wankerweiterten linearen Einspurmodells erfolgt im Falle der Masse-, Trägheits- und Geometrieeigenschaften effizient durch direkte Messung. Die das Wankverhalten definierende Wanksteifigkeit, Wankdämpfung und der nominelle Wankhebelarm als auch die nominellen Achssteifigkeiten werden nach der Methode der kleinsten Fehlerquadrate im Lenkradwinkelsprungmanöver ermittelt [11, 58]. Die Achssteifigkeiten und der Wankhebelarm stellen für das Reglerentwurfsmodell dieser Arbeit adaptive Parameter dar und werden daher zur Laufzeit stochastisch optimal bestimmt.

4.1.4   Filtermodell der Querdynamik

Das stochastische Unscented Kalman Filter basiert auf einem Filtermodell, das sich aus einem Prozessmodell zur Prädiktion der Filtermodellzustände und einem Messmodell zur Korrektur der prädizierten Filtermodellzustände zusammensetzt [108, 115]. Das Prozessmodell entspricht wie das Reglerentwurfsmodell dem wankerweiterten linearen Einspurmodell. Die Zusammenführung der Zustände und adaptiven Parameter des Reglerentwurfsmodells in den erweiterten Zustandsvektor des Filtermodells führt zu einer nichtlinearen Formulierungsform des Filtersystems. Die Größen des erweiterten Filterzustandsvektors werden stochastisch optimal durch das Unscented Kalman Filter bestimmt. Hinsichtlich des Prozessmodells werden die Unsicherheit in der mathematischen Modellierung der zu filternden Systemdynamik als auch die Auswirkungen verrauschter Eingangsgrößen auf den Modellprozess durch das Prozessrauschen beschrieben

[108]. Das zeitkontinuierliche, nichtlineare Prozessmodell $\dot{x}_{UKF}$ ergibt sich mit dem Dynamikmodell f_{UKF} und dem Prozessrauschvektor v_{UKF} mit der Formulierung aus Gl. 4.1 zu

$$\dot{x}_{UKF} = \left[\dot{\psi}, \dot{\beta}, \dot{\varphi}, \dot{\hat{c}}_v, \dot{\hat{c}}_h, \dot{\hat{z}}_w\right]^T = f_{UKF}(x_{UKF}, u_{UKF}) + v_{UKF}, \text{mit}$$

$$f_{UKF} = \begin{bmatrix} \sum_{j,l}\left(A_{1j}x_j + E_{1l}z_l\right)_{WESM} \\ \sum_{j,l}\left(A_{2j}x_j + E_{2l}z_l\right)_{WESM} \\ \sum_{j,l}\left(A_{4j}x_j + E_{4l}z_l\right)_{WESM} \\ 0 \\ 0 \\ 0 \end{bmatrix}, \text{und} \qquad \text{Gl. 4.2}$$

$$v_{UKF} = \left[\frac{1}{J_{zz}}w_{M_{z,TV}} + \frac{\hat{c}_v l_v}{J_{zz}}w_{\delta_v} + \frac{\hat{c}_h l_h}{J_{zz}}w_{\delta_h} + v_{\dot{\psi}}, \frac{\hat{c}_v}{mv}w_{\delta_v} + \cdots \right.$$
$$\left. + \frac{\hat{c}_h}{mv}w_{\delta_h} + v_\beta, \frac{\hat{z}_w}{J_{xx}}\left(\hat{c}_v w_{\delta_v} + \hat{c}_h w_{\delta_h}\right) + v_{\dot{\varphi}}, w_{\dot{\varphi}}, v_{\hat{c}_v}, v_{\hat{c}_h}, v_{\hat{z}_w}\right]^T.$$

Die Modellierung der fahrdynamischen Zuständsänderungen erfolgt identisch zum Reglerentwurfsmodell in Gl. 4.1. Die Eingangsgrößen u_{UKF} bestehen aus den Störgrößen z_{WESM} des linearen Reglerentwurfsmodells als auch der Fahrzeuggeschwindigkeit v. Ansätze zur Bestimmung der Fahrzeuggeschwindigkeit durch ein separates Filter sind der Literatur zu entnehmen [11, 41, 60, 132, 137]. Da der Rauschprozess der Geschwindigkeit gegenüber der absoluten Geschwindigkeit bezüglich der für die Querdynamikbeeinflussung relevanten Geschwindigkeiten zu vernachlässigen ist, taucht die Unsicherheit w_v der separat gefilterten Fahrgeschwindigkeit nicht im Prozessrauschvektor v_{UKF} auf. Diese Annahme ist bei sehr geringen Geschwindigkeiten zu überprüfen. Die prädizierte Wankrate entspricht der gemessenen unter Berücksichtigung deren Messrauschens $w_{\dot{\varphi}}$. Nach Bechtloff [11] führt der messtechnische Mehraufwand durch eine Wankratensensorik zu einer entscheidenden Robustheitsverbesserung bei der Bestimmung des Schwimmwinkels und ist für den Serieneinsatz wirtschaftlich vertretbar [42, 123]. Die Prozessmodelle der adaptiven Parameter werden durch den etablierten Random Walk-Ansatz [12, 33, 39, 130] mit einer verschwindenden zeitlichen Änderung modelliert und einem hohen Prozessrauschen

$v_{\hat{c}_v}, v_{\hat{c}_h}, v_{\hat{z}_w}$ belegt [39]. Das bedeutet, die Prädiktion der Adaptionsparameter im Prozessmodell basiert ausschließlich auf der Wahrscheinlichkeitsverteilung, die für den jeweiligen adaptiven Parameter im Prozessrauschvektor quantifiziert wird. Das Prozessrauschen der fahrdynamischen Zustände der Gier- und Wankbeschleunigung und der Schwimmrate beinhaltet neben den Anteilen $v_{\dot{\psi}}, v_{\dot{\varphi}}$ und v_{β} zur Abbildung der Unsicherheit in der mathematischen Modellierung der zu filternden Systemdynamik auch die Mess- und Modellunsicherheiten $w_{M_{z,TV}}$, $w_{\delta_v}, w_{\delta_h}$ der Eingangsgrößen. Die Achslenkwinkel werden durch eine sensorisch standardisierte Erfassung der Hubstangentranslationen der Lenkgetriebe an Vorder- und Hinterachse bestimmt [57, 99, 135]. Über in Kennfeldern abgelegte kinematische Beziehungen zwischen den Stangenpositionen und den Spurwinkeln der Räder ist durch arithmetische Mittelwertbildung die Erfassung der mittleren Achslenkwinkel realisierbar. Die virtuellen Stellgrößen werden als verschwindend angesetzt, da sie eine virtuelle Schnittstellengröße des Fahrdynamikregelkonzepts sind und durch die realen Aktoren der Regelstrecke erzeugt werden. Das durch radindividuelle Momentenverteilung induzierte Giermoment $M_{z,TV}$ wird unter Berücksichtigung der Achslenkwinkel und der vorderen und hinteren Fahrzeugspurweiten s_v, s_h beschrieben durch

$$M_{z,TV} = \frac{s_v}{2} \cos(\delta_v) \left(F_{x,vr} - F_{x,vl} \right) + \frac{s_h}{2} \cos(\delta_h) \left(F_{x,hr} - F_{x,hl} \right) + \cdots$$
$$+ l_v \sin(\delta_v) \left(F_{x,vr} + F_{x,vl} \right) - l_h \cos(\delta_h) \left(F_{x,hr} + F_{x,hl} \right),$$

Gl. 4.3

Die Indizes der Längskräfte $F_{x,ij}$ definieren den Ort der Kraftwirkung, d. h. die Vorder- bzw. Hinterache (v, h) und die linke bzw. rechte Spur des Fahrzeugs (l, r). Die Längskräfte $F_{x,ij}$ sind im Reifenkoordinatensystem angegeben und werden durch die stationäre Radmomentenbilanz mit dem als konstant angenommenen dynamischen Radhalbmesser des jeweiligen Rades $r_{dyn,ij}$ berechnet zu

$$F_{x,ij} = \frac{M_{A,ij} - M_{B,ij}}{r_{dyn,ij}}.$$

Gl. 4.4

Die radindividuellen Antriebs- und Bremsmomente $M_{A,ij}$ und $M_{B,ij}$ werden technisch über elektrische Motorströme und mechanische Bremsdrücke bestimmt [16, 57]. Eine Reifenkraftdynamik wird zugunsten einer Reduktion der Komplexität und des Parametrierungsaufwands im Filtermodell vernachlässigt und stattdessen in der modellprädiktiven Stellgrößenallokation berücksichtigt.

Die durch das Prozessmodell prädizierten erweiterten Filtermodellzustände x_{UKF} werden im UKF durch das Messmodell g_{UKF} korrigiert [61]. Das Messmodell beschreibt über das Ausgangsmodell h_{UKF} unter Berücksichtigung des Messrauschens w_{UKF} den Zusammenhang der Zustände und Eingänge des Filters zu den Messgrößen der Regelstrecke [61]. Die Messgrößen können einerseits unmittelbar erfasste Sensorwerte sein. Andererseits können virtuelle Sensoren eingeführt werden. Deren virtuelle Sensorgrößen stellen einen modellhaften Zusammenhang zu den realen Messwerten her [11] und erlauben damit eine Korrektur des prädizierten Systemverhaltens der Regelstrecke. Das Messmodell ergibt sich zu

$$g_{UKF} = \left[\dot{\psi}^{mess}, \dot{\varphi}^{mess}, a_y^{mess}, F_{y,v}^{mess}, F_{y,h}^{mess}\right]^T$$
$$= h_{UKF}(x_{UKF}, u_{UKF}) + w_{UKF}, \text{mit}$$

$$h_{UKF} = \begin{bmatrix} \dot{\psi} \\ \dot{\varphi} \\ v(\dot{\psi} + f_{UKF,2}) + g\sin(\varphi) \\ \hat{c}_v\left(\delta_v - \beta - \dfrac{l_v}{v}\dot{\psi} - \dfrac{\hat{z}_w}{v}\dot{\varphi}\right) \\ \hat{c}_h\left(\delta_h - \beta + \dfrac{l_h}{v}\dot{\psi} - \dfrac{\hat{z}_w}{v}\dot{\varphi}\right) \end{bmatrix}, \text{und} \qquad \text{Gl. 4.5}$$

$$w_{UKF} = \left[w_{\dot{\psi}}, w_{\dot{\varphi}}, w_{a_y}, w_{F_y,v}, w_{F_y,h}\right]^T.$$

Das Messmodell der Querbeschleunigung enthält die zustandsabhängige Formulierung für die zeitliche Ableitung des Schwimmwinkels als zweiten Zeileneintrag des Dynamikmodells $f_{UKF,2}$ aus Gl. 4.2. Die im Sinne einer Serienanwendbarkeit der integrierten Fahrdynamikregelung wirtschaftlich messbaren Größen des Messmodells sind die Fahrzeuggierrate $\dot{\psi}^{mess}$, die Fahrzeugwankrate $\dot{\varphi}^{mess}$ und die Fahrzeugquerbeschleunigung a_y^{mess}. Der Wankwinkel φ des Fahrzeugs wird zur Reduktion der Anzahl an Filterzuständen und Messgrößen in dieser Arbeit nicht im Querdynamikfilter bestimmt. Die Information über den Wankwinkel ist einem zusätzlichen Filter zu entnehmen, wie z. B. in [11, 123]. Die virtuellen Sensorgrößen stellen die Achsseitenkräfte $F_{y,v}^{mess}$ und $F_{y,h}^{mess}$ dar, die sich aus der lateralen Impulsmomentenbilanz um die Fahrzeughochachse auf Basis der Reglerentwurfsmodells errechnen zu

$$F_{y,v}^{mess} = \frac{1}{(l_v + l_h)}\left(-M_{z,TV} + ml_h\left(a_y^{mess} - g\sin(\varphi)\right) + J_{zz}\ddot{\psi}^{mess}\right), \qquad \text{Gl. 4.6}$$

$$F_{y,h}^{mess} = \frac{1}{(l_v + l_h)} \left(M_{z,TV} + ml_v \left(a_y^{mess} - g\sin(\varphi) \right) - J_{zz}\ddot{\psi}^{mess} \right). \qquad \text{Gl. 4.7}$$

Die Gierbeschleunigung $\ddot{\psi}^{mess}$ kann beispielsweise durch numerische Differentiation der gemessenen Gierrate $\dot{\psi}^{mess}$ durch robuste Sliding-Mode-Filter [113] oder glatte robuste Differenzierungsfilter [51] bestimmt werden. Zur Darstellung des Potentials der Seitenkraftkorrektur wird im Validierungskapitel den simulativ bekannten Reifenkräften stets ein mittelwertfreies gaußsches Rauschen bekannter Varianz additiv überlagert. Die Filterung der Reifenseitenkräfte in der fahrzeugtechnischen Anwendung wird z.B. in Rezaeian et al. [103] und Acosta et al. [1] erläutert.

Auf die Formulierung des Filtermodells zur Zustand- und Parameterfilterung des Reglerentwurfsmodells aus Gl. 4.1 folgt die Auslegung des Filters. Die Auslegung des Unscented Kalman Filters geschieht durch Wahl der Prozess- und Messrauschvektoren und der Abtastzeit. Die Abtastung erfolgt mit 0,5 ms. Das Messrauschen direkter Messgrößen wird durch den Sensor definiert [108, 130]. Die Parametrierung des Prozessrauschens und des Rauschens der virtuellen Sensoren bedarf einer systematischen, anwendungsbezogenen Validierungsmethode, wie sie in Abschnitt 5.1 entwickelt wird. Bezüglich des Messrauschens der virtuellen Sensoren müssen sowohl die parametrischen Unsicherheiten und unmodellierte Dynamik der virtuellen Sensormodelle als auch die Wahrscheinlichkeitsverteilungen der darin verwendeten direkten Messwerte berücksichtigt werden.

Das in diesem Kapitel definierte Zustands- und Parameterfilter zur Laufzeitschätzung des querdynamischen Reglerentwurfsmodells für die integrierte Fahrdynamikregelung bestimmt stochastisch optimal die Größen des Zustandsvektors des Filtermodells. Darin sind die Gierrate, der Schwimmwinkel, die Wankrate als Zustände und die adaptiven Achssteifigkeiten und der adaptive Wankhebelarm als Parameter des Reglerentwurfsmodells zusammengefasst. Das querdynamische Fahrdynamikfilter dieser Arbeit ermittelt somit gezielt die Größen, die im Fahrdynamikregelkonzept zur adaptiven Modellfolgesteuerung und robusten Regelung benötigt werden. Zusätzliche Größen, wie der Fahrbahnreibbeiwert, die Fahrgeschwindigkeit, der Fahrzeugwankwinkel, Fahrbahnsteigungen oder – querneigungswinkel können durch Methoden und Filter des Standes der Technik mit ihren zugrundeliegenden Unsicherheiten in das Regelkonzept einbezogen werden [10, 11, 102, 123, 132, 137].

Das Filtermodell der Zustands- und Parameterfilterung stellt ein dynamisches System dar, das es durch Integration zu lösen gilt. Die Implementierung des UKF als diskretes stochastisches Filter erfordert zur Lösung ein numerisches Integrationsverfahren. Die Wahl des expliziten Eulerverfahrens sichert eine effiziente Lösbarkeit auf Seriensteuergeräten ab und ist bei hinreichend kleiner Zeitschrittweite numerisch stabil [7, 45]. Der Algorithmus des UKF ist in Julier et al. [61] detailliert dargestellt. Darin sind die Prozess- und Messrauschvektorelemente in jeweils einer diagonalen, positiv definiten Kovarianzmatrix angeordnet. Deren Einträge beschreiben den jeweiligen Erwartungswert der quadrierten Rauschvektorelemente, die Zufallsvariablen darstellen. Eine Methode zur Reduktion der Auslegungskomplexität bezüglich des Filtermodells wird im Anhang A4 beschrieben und für die Validierung der Fahrdynamikregelung dieser Arbeit genutzt. Die systemdynamische Voraussetzung zur Zustands- und Parameterfilterung der Beobachbarkeit [2, 80, 127] des zustandserweiterten Filtermodells wird im Anhang A5 nachgewiesen.

Nachfolgend wird auf Basis des durch die Zustands- und Parameterfilterung bestimmten, adaptiven Reglerentwurfsmodells das Regelgesetz der indirekten adaptiven Regelung für das integrierte Fahrdynamikregelkonzept abgeleitet.

4.2 Steuer- und Regelgesetz

Das Modul des Steuer- und Regelgesetzes ist im Regelkonzept dieser Arbeit die Schnittstelle zwischen Referenzmodell und modellprädiktiver Stellgrößenallokation. Es werden virtuelle Stellgrößen zur Umsetzung der Referenzdynamik berechnet, aus denen im weiteren Schritt Aktorstellgrößen berechnet werden.

4.2.1 Regelungsverfahren

Das entwickelte Regelungskonzept basiert auf einer Modellfolgeregelung, da diese eine funktionsorientierte Separation der fahrdynamischen Zieleigenschaftsdefinition und deren Realisierung durch Berechnung und Ansteuerung der Aktoren der Regelstrecke erlaubt [21, 73, 86, 94]. Da eine Vorsteuerung der Fahrdynamik nach König et al. [66, S. 38] ein „verlässliches und nachvollziehbares Fahrverhalten" bewirken kann, wird die Modellfolgeregelung dieser Arbeit als systemdynamische Zwei-Freiheitsgrade-Struktur angesetzt. Diese regelungstechnische Struktur beinhaltet einen Vorsteuer- und einen Regelanteil. Der Vorsteueranteil wird für ein subjektiv positives Fahrverhalten gegenüber dem Regelanteil priorisiert. Das Steuer- und Regelgesetz bestimmt virtuelle Stellgrößen zur Modellfolgeregelung der Längs- und Querdynamik der Regelstrecke. Die virtuellen Stellgrößen entsprechen je einer virtuellen Längs- und Querkraft und einem virtuellen Giermoment auf die Regelstrecke. Zur Vereinfachung werden die Steuer- und Regelgesetze der Längs- und Querdynamik separat abgeleitet. Für die Längsdynamikregelung wird die Regelstrecke als Punktmasse modelliert und die virtuelle Längskraft bestimmt. Die Querdynamikregelung basiert auf dem adaptiven, linearen Reglerentwurfsmodell aus Abschnitt 4.1.3 und bestimmt die virtuelle Querkraft und das virtuelle Giermoment. Das adaptive, lineare Reglerentwurfsmodell der Querdynamik kann aufgrund seiner mathematisch geringeren Komplexität gegenüber der Regelstrecke, diese zwar optimal, allerdings nicht exakt abbilden. Das bedeutet, die adaptiven Parameter des Reglerentwurfsmodells werden durch das UKF zur stochastisch optimalen Anpassung der Systemdynamik des wankerweiterten linearen Einspurmodells an die Dynamik der Regelstrecke verwendet. Da die Regelstrecke allerdings ein komplexes 14-Freiheitsgradmodell des LEICHT-Fahrzeugs darstellt, dessen Modellordnung über der des Reglerentwurfsmodells liegt, können systemdynamisch nicht alle Dynamiken der Regelstrecke durch das Reglerentwurfsmodell abgebildet werden. Zur Berücksichtigung von Modellunsicherheiten und Störgrößen wird daher ein robuster Regelanteil vorgesehen [79, 119]. Die Bestimmung des robusten Regelanteils erfolgt nach den Methoden der Sliding Mode-Regelung.

Die Sliding Mode-Regelung ist ein robustes Regelungsverfahren [113, 119], das aufgrund seiner systematischen und anschaulichen Auslegungsweise zur Modellfolge mit Vorsteuer- und Regelanteil für die integrierte Fahrdynamikregelung dieser Arbeit zur Querdynamikregelung eingesetzt wird. Die Flexibilität in der Gestaltung des Regelanteils bezüglich der Sliding Mode-Regelung eignet sich zur Definition von Totzonen der Regelung. Diese Regeltotzonen entsprechen Toleranzbändern für die Regelfehler, innerhalb derer kein Regelanteil berechnet, sondern ausschließlich auf Basis des Reglerentwurfsmodells gesteuert wird. Die reine Steuerung der Fahrdynamik ist gegenüber einer zusätzlichen Regelung zu bevorzugen, da sie zu einem „verlässliche[n] und nachvollziehbare[n] Fahrverhalten" [66, S. 38] beitragen kann. Da in dieser Arbeit die integrierte Fahrdynamikregelung der Horizontaldynamik der Regelstrecke betrachtet wird, müssen Vorsteuer- und Regelanteile mit Regeltotzonen individuell für sowohl die Gier- als auch die Schwimmdynamikbeeinflussung der Regelstrecke berechnet werden. Die individuelle Definition der Regeltotzonen setzt die Entkopplung der Eingänge des Reglerentwurfsmodells von den zu beeinflussenden Systemgrößen voraus. Zudem wird eine systematische Beeinflussbarkeit der Intensität des Regeleingriffs bei Überschreitung dieser Regeltotzonen angestrebt. Die genannten Forderungen werden von der Sliding Mode-Regelung mit einer minimalen Anzahl an Auslegungsparametern erfüllt [113, 119]. Somit wird ein wesentlicher Beitrag für eine effiziente Auslegungsmethode der integrierten Fahrdynamikregelung geleistet, die durchgängig im Fahrwerkentwicklungsprozess Anwendung finden kann.

Zur Umsetzung der vom Referenzmodell vorgegebenen Solldynamik durch die Regelstrecke wird die omnidirektionale Ausgangssteuerbarkeit der Fahrzeuglängs-, -quer und –gierbewegung vorausgesetzt. Diese wird im Anhang A6 diskutiert und ist auf Basis des Reglerentwurfsmodells aus Abschnitt 4.1.3 durch die virtuellen Stellgrößen gegeben. Damit kann durch die virtuellen Stellgrößen prinzipiell die Horizontaldynamik der Regelstrecke gesteuert werden.

Die Sliding-Mode-Regelung mit Gleitzustand basiert auf der Definition einer sogenannten Gleitvariablen s_i für jede zu regelnde Systemgröße, deren verschwindende Annahmen ($s_i = 0$) die Gleithyperebenen beschreiben [119]. Die Lösung des Modellfolgeproblems besteht darin, die zu regelnden Systemgrößen auf die Gleithyperebene zu bringen [119]. Auf der Gleithyperebene verschwinden die Fehler zwischen der Referenzdynamik und der Systemdynamik nach einer im Allgemeinen festzulegenden Gleitdynamik. Speziell für den Fall eines Systems mit einem relativem Grad von eins verschwindet der Regelfehler bei Erreichen der Gleithyperfläche instantan [119]. Ein relativer Grad von eins bedeutet, dass die zeitliche Ableitung des zu regelnden Ausgangs lediglich erster Ordnung ist, bis ein ihn beeinflussender Eingang auftaucht [2]. Für das adaptive, lineare Reglerentwurfsmodell aus Gl. 4.1 liegt bezüglich der zu regelnden Gier- und Schwimmdynamik ein relativer Grad von eins vor. Das heißt, dass die Gierdynamik bzw. Schwimmdynamik des Reglerentwurfsmodells der jeweiligen Referenzdynamik entspricht, sobald die Gleitvariable der Gierrate bzw. des Schwimmwinkels zu Null wird. Die Gleitvariablen der beiden Größen s_ψ, s_β sind definiert als die Differenz der zu steuernden Ausgänge des Reglerentwurfsmodells $y_{S,WESM}$ und der von der Regelstrecke umzusetzenden Ausgänge des Referenzmodells y_{ref}, d.h.

$$s = \begin{bmatrix} s_\psi \\ s_\beta \end{bmatrix} = y_{S,WESM} - y_{ref} = \begin{bmatrix} \dot{\psi} - \dot{\psi}_{ref} \\ \beta - \beta_{ref} \end{bmatrix}. \qquad \text{Gl. 4.8}$$

Das systemdynamische Werkzeug der Stabilitätstheorie führt auf die sogenannte Gleitbedingung. Diese Bedingung beschreibt, wie die zeitliche Ableitung der Gleitvariablen $\dot{s}$ geartet sein muss, dass die Gleitvariablen unter Berücksichtigung von Modellunsicherheiten und Störungen in endlicher Zeit auf ihre jeweiligen Gleithyperebenen gelangen [119]. Befinden sich die Gleitvariablen aus Gl. 4.8 auf ihren Gleithyperebenen ist für das Reglerentwurfsmodell aus Gl. 4.1 das Modellfolgeproblem unmittelbar gelöst. Im Anhang A7 ist die Ableitung des Steuer- und Regelgesetzes beschrieben. Ein Beweis der Robustheit findet sich im Anhang A8. Es ergibt sich, dass das Steuer- und Regelgesetz aus einem adaptiven Vorsteueranteil $\hat{u}_{st}$ und einem robusten Regelanteil u_{rob} zusammengesetzt wird, nach

$$u = \hat{u}_{st} + u_{rob} = \left[M_z^{virt}, F_y^{virt}\right]^T. \qquad \text{Gl. 4.9}$$

Aus Gl. 4.9 werden die virtuellen Stellgrößen berechnet, die die Sollquerkraft und das Sollgiermoment auf den Schwerpunkt der Regelstrecke zur Realisierung der definierten Referenzfahrdynamik beschreiben. Der adaptive Vorsteueranteil $\hat{u}_{st}$ ist durch ein Zirkumflexsymbol gekennzeichnet, da er auf den adaptiven Parametern des Reglerentwurfsmodells basiert. Nachfolgend werden der adaptive Vorsteuer- und der robuste Regelanteil basierend auf den Herleitungen des Anhangs A7 angegeben und diskutiert.

4.2.2 Adaptives Vorsteuergesetz

Das adaptive Vorsteuergesetz auf Basis des in Gl. 4.1 wiedergegeben, adaptiven Reglerentwurfsmodells aus Abschnitt 4.1.3 ergibt sich nach Anhang A7 zu

$$\hat{u}_{st} = (C_S B)_{WESM}^{-1} \left\{ \begin{bmatrix} \ddot{\psi}_{ref} \\ \dot{\beta}_{ref} \end{bmatrix} - (C_S A)_{WESM} \begin{bmatrix} \dot{\psi}_{ref} \\ \beta_{ref} \\ 0 \\ \dot{\varphi} \end{bmatrix} - \begin{bmatrix} \dfrac{\hat{c}_v l_v}{J_{zz}} \\ \dfrac{\hat{c}_v}{mv} \end{bmatrix} \delta_{v,F} \right\}. \qquad \text{Gl. 4.10}$$

Die Ausgangsmatrix $C_{S,WESM}$ wählt aus den Zuständen des adaptiven Reglerentwurfsmodells die Gierrate und den Schwimmwinkel aus. Diese Größen der Regelstrecke sind dem Referenzmodell anzugleichen. Der fahrerinduzierte Achslenkwinkel $\delta_{v,F}$ wird nach Gl. A.11 und Gl. A.12 aus Messignalen des Zahnstangenritzelwinkels und der Überlagerungsaktorverdrehung anhand geometrischer Beziehungen berechnet. Analog zu Mönnich [88] und Lorenz [78] werden im Vorsteuergesetz im zweiten Subtrahenden aus Gl. 4.10 für die zu regelnden Zustände der Regelstrecke die Referenzgrößen und nicht die gemessene oder gefilterte Gierrate und der gefilterte Schwimmwinkel der Regelstrecke verwendet. Begründet wird dies im Anhang A7. Gegenüber eines integralen, modellprädiktiven Regelungsansatzes (wie z. B. in [46]) wird durch die in dieser Arbeit konzipierte Separation in ein Modellfolgeregelgesetz und eine modellprädiktive Stellgrößenallokation durch die referenzmodellbasierte Berechnung des Vorsteueranteils eine Erhöhung der Robustheit der Regelung bei vorausgesetzter hinreichender Reglerentwurfsmodellgüte ermöglicht. Für eine integrale, modellprädiktive Regelung sind dem Regler hingegen alle unsicherheitsbehafteten Prozessmodellzustände und insbesondere die Regelgrößen als Mess- oder Schätzgrößen zur steten Initialisierung zurückzuführen.

4.2.3 Robustes Regelgesetz

Der durch die Rückführung der Regelgrößen bestimmte Regelanteil im Regelgesetz u_{rob} wird dergestalt gewählt, dass das Modellfolgeproblem trotz Modellunsicherheiten und auf die Regelstrecke wirkender Störgrößen gelöst wird. Für den Robustheit sicherzustellenden Regelanteil wird die Stellgröße mit der positiv definiten Diagonalmatrix der Reglerverstärkung K_{rob} zu

$$u_{rob} = (C_S B)_{WESM}^{-1} \, K_{rob} \, sat_{tot}\left(\frac{s_i - d_{tot,i}}{\phi_{sat,i}}\right) \qquad \text{Gl. 4.11}$$

angesetzt [113, 119]. Die Funktion sat_{tot} ist in Abbildung 7 dargestellt und wird abschnittsweise definiert, nach

$$sat_{tot}\left(\frac{s - d_{tot}}{\phi_{sat}}\right) = \begin{cases} 0 \text{ für } |s| \leq d_{tot} \\ \dfrac{s - sgn(s)\,d_{tot}}{\phi_{sat}} \text{ für } d_{tot} < |s| < d_{tot} + \phi_{sat} \\ sgn(s) \text{ für } |s| \geq d_{tot} + \phi_{sat}. \end{cases} \qquad \text{Gl. 4.12}$$

Die Saturierungsfunktion aus Gl. 4.12 stellt eine kontinuierliche mathematische Funktion dar und realisiert nach Gl. 4.11 einen kontinuierlichen, robusten Regelanteil [117]. Die Literatur zur Sliding Mode-Regelung beschreibt den robusten Regelanteil üblicherweise über eine diskontinuierliche Signumsfunktion des Regelfehlers [113, 119]. Gegenüber diesem diskontinuierlichen Regelgesetz wird ein aufgrund von Latenzen, Hysteresen, etc. resultierender diskontinuierlicher Verlauf der Gleitvariablen um die Gleithyperebenen vermieden. Dieser als *Chattering*-Phänomen bekannte Effekt bedingt einen sehr hohen Stellaufwand, kann nicht berücksichtigte, unmodellierte Dynamik der Regelstrecke anregen und dadurch den Regelaufwand weiter erhöhen oder die Regelgüte reduzieren [117].

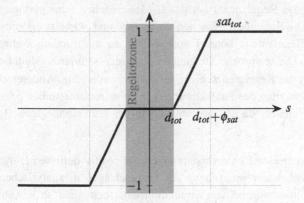

Abbildung 7: Saturierungsfunktion sat_{tot} des robusten Regelgesetzes (s: Gleit-var./ Regelfehler, d_{tot}: Regeltotzone, ϕ_{sat}: Reziproke Steigung)

Der Zielkonflikt des kontinuierlichen Regelanteils ist die imperfekte Regelgüte, da sich die Gleitvariablen s_i innerhalb der invarianten Menge $d_{tot,i} + \phi_{sat,i}$ aufhalten, die im Weiteren als Regelgrenzschicht bezeichnet werden soll, das heißt, dass

$$|s_i| \leq d_{tot,i} + \phi_{sat,i}$$
Gl. 4.13

nach endlicher Zeit gilt. Das bedeutet, dass die Fehler zwischen den zu regelnden Größen der Regelstrecke und den Größen des Referenzmodells in einem Grenzband mit einfacher Breite $d_{tot,i} + \phi_{sat,i}$ liegen, das es auszulegen gilt.

Das in Gl. 4.11 und Gl. 4.12 wiedergegebene, robuste Regelgesetz eliminiert zum einen die potentiell negative Beeinflussung des Regelergebnisses und des Stellenergiebedarfs durch Chattering. Zum anderen zeichnet sich das Regelgesetz durch die Parameter $d_{tot,i}$ zur Definition von Regeltotzonen und die reziproken Steigungen $\phi_{sat,i}$ der Saturierungsfunktion aus. Letztere definieren die Eingriffsintensität des Regelanteils innerhalb des Regelfehlerbereichs zwischen Regelgrenzschicht und Regeltotzone. Befinden sich die Gleitvariablen bzw. Regelfehler innerhalb ihrer Regeltotzone $d_{tot,i}$ findet kein rückführender Regeleingriff bezüglich der Systemausgänge $i = \{\dot{\psi}, \beta\}$ statt. Diesbezüglich werden ausschließlich die jeweiligen virtuellen Stellgrößen nach dem adaptiven Vorsteuergesetz $\hat{u}_{st}$ aufgeschaltet. Regeltotzonen bieten sich insbesondere an, um eine Aktivierung des Regelanteils bei durch Messrauschen oder geringe Störungen bedingten Abweichungen zwischen Referenz- und Regelstreckendynamik zu vermeiden. Regelanteile können vom Fahrer als aufdringlich wahrgenommen werden [67]. Die reziproken Steigungen $\phi_{sat,i}$ der Saturierungsfunktion definieren einerseits die Regelgrenzschicht der Fehlerkonvergenz. Andererseits können sie zur Verbesserung des Subjektivurteils in Fahrsimulatorstudien oder im realen Fahrversuch dienen, da sie die Intensitäten der fehlerabhängigen Regelanteile festlegen.

Die Wahl der beiden Reglerverstärkungen der positiv definiten Diagonalmatrix K_{rob} kann neben der im Anhang A8 vorgeschlagenen, analytischen Methode pragmatisch auch anhand von Simulationsuntersuchungen so gewählt werden, dass die Robustheit der Fahrdynamikregelung auch unter starken Störungen der Regelstrecke erzielt wird [119]. Im Rahmen dieser Arbeit soll die Wahl der Reglerverstärkungen K_{rob} in einer simulativen Validierung geschehen und von zeitlich konstanten Verstärkungen ausgegangen werden. Prinzipiell können die Reglerverstärkungen, Regeltotzonen und reziproken Steigungen der Saturierungsfunktion auch zeitabhängig gewählt werden. Die Korrektheit der Wahl der Reglerverstärkungen ist gegeben, wenn sich die Gleitvariablen s_i innerhalb ihrer Regelgrenzschichten aufhalten, d. h. $|s_i| \leq d_{tot,i} + \phi_{sat,i}$ (vgl. Anhang A8). Ist dies nicht der Fall, müssen die Reglerverstärkungen betraglich vergrößert werden [119]. Um in den frühen Phasen der Fahrwerkentwicklung eine Gegenüberstellung von Fahrwerkkonzepten unter Berücksichtigung deren subjektiven Fahrverhaltens zu ermöglichen, können Fahrsimulatorversuche durchgeführt werden. Das subjektive Fahrverhalten stellt für den Kunden ein wichtiges Kaufargument dar [13]. Innerhalb fahrsimulatorischer Studien können die Reglerparameter derart gewählt werden, dass ein positiver Subjektiveindruck bei aktiver Fahrdynamikregelung entsteht. In der in dieser Arbeit entwickelten Validierungsmethode steht eine Reglerauslegung auf Basis des Subjektiveindrucks des Fahrers am Ende der iterativen Auslegungsmethode, vgl. Abschnitt 5.1.2.

Die Regelung der Längsdynamik der Regelstrecke erfolgt in dieser Arbeit auf Basis eines eindimensionalen Fahrzeugmassenmodells. Dabei wird die Längskraft F_x^{virt} auf Basis einer Wunschgeschwindigkeit oder einer Fahrpedalanforderung vorgesteuert. Abweichungen zwischen der Sollgeschwindigkeit und der Istgeschwindigkeit werden mit einem Proportional-Integral-Regler ausgeregelt. Eine radmomentengeregelte Traktionskontrolle gewährleistet in extremen Beschleunigungs- und Verzögerungsmanövern eine optimale Traktion und hilft ein Durchdrehen oder Blockieren der Räder zum Zwecke der Lenkbarkeit und Stabilität des Fahrzeugs zu verhindern. Die Umsetzung der Traktionskontrolle in dieser Arbeit basiert auf einem, der integrierten Fahrdynamikregelung unterlagerten, modellbasierten Sliding Mode-Regelung mit Vorsteuerung der Radmomente. Der Regler wird aktiviert, sofern die von der modellprädiktiven Stellgrößenallokation geforderten Radmomente, die stationär bei gegebenem Optimalschlupf maximal übertragbaren übersteigen. Detailliert ist die Traktionskontrolle in Lazouane [74] beschrieben. Das Wissen um den optimalen Sollschlupf ist dabei notwendig, der beispielsweise durch Ansätze aus Isermann [57] ermittelt werden kann.

Die Strukturierung des integrierten Fahrdynamikregelkonzepts dieser Arbeit in separate, funktionelle Module des Referenzmodells, des Zustands- und Parameterfilters, des Steuer- und Regelgesetzes und der modellprädiktiven Stellgrößenallokation, erlaubt eine wesentliche Komplexitätsreduktion letzterer. In der modellprädiktiven Stellgrößenallokation (kurz MPSA) werden die Aktorstellgrößen dergestalt berechnet, dass die aus dem Steuer- und Regelgesetz resultierenden virtuellen Stellgrößen durch die Aktoren der Regelstrecke umgesetzt werden. Die Berücksichtigung des Energiebedarfs der Aktoren stellt eine wesentliche Zielanforderung an das Fahrdynamikregelkonzept dar. Die modellprädiktive Stellgrößenallokation bildet den technischen Zusammenhang zwischen den aus dem Steuer- und Regelgesetz resultierenden virtuellen Stellgrößen und der Erzeugung dieser durch die ansteuerbaren Aktoren der Regelstrecke ab. Die virtuellen Stellgrößen beschreiben, welche Sollkräfte und -momente auf den Fahrzeugschwerpunkt zur Erzeugung der gewünschten Längs- und Querdynamik zu wirken haben, vgl. Abschnitt 4.2. Im folgenden Abschnitt wird die Problemformulierung und Auslegung der modellprädiktiven Stellgrößenallokation des integrierten Fahrdynamikregelkonzepts dargelegt.

4.3 Modellprädiktive Stellgrößenallokation

Die modellprädiktive Stellgrößenallokation verteilt die virtuellen Stellgrößen durch Lösung eines Optimierungsproblems unter Berücksichtigung des Energiebedarfs auf die Aktoren. Das Optimierungsproblem wird in der in Abschnitt 2.3.1 formulierten Konkretisierung der Zielanforderung dieser Arbeit als konvex quadratisch konzipiert. Damit geht eine effiziente und robuste Lösbarkeit einher [19, 54], die für die Serienanwendung der Fahrdynamikregelung essentiell ist.

4.3.1 Formulierung des modellprädiktiven Optimierungsproblems

Die modellprädiktive Regelung ist ein modellbasiertes Regelkonzept der optimalen Regelung [2]. Das Optimierungsproblem der modellprädiktiven Regelung besteht allgemein aus einer Zielfunktion, einem Prädiktionsmodell zur Abbildung der zu regelnden Systemdynamik und Gleichungs- sowie Ungleichungsnebenbedingungen [2, 101]. Die Stellgrößen des zu regelnden Systems werden durch Lösung des Optimierungsproblems ermittelt. Auf Basis der Prädiktionsmodelle und der Nebenbedingungen werden die in der Zielfunktion bewerteten Stellgrößen über einen diskreten, zeitlich finiten Prädiktionshorizont hinweg optimiert. Die Lösung ergibt eine Folge von optimalen Stellgrößenvektoren. Lediglich der erste Lösungsvektor wird auf die Regelstrecke aufgeschaltet. [2] Über die geeignete Formulierung der Gleichungsnebenbedingungen gelingt eine Einschränkung der zur Lösung der Regelaufgabe zur Verfügung stehenden Stellgrößen. Damit können unterschiedliche Aktorausstattungen oder Aktorausfälle effizient behandelt werden. Zudem kann die Festlegung von Ungleichungsnebenbedingungen zur Beschränkung der Systemzustände und -stellgrößen dienen [2]. Eine Begrenzung der Systemgrößen ist für die integrierte Fahrdynamikregelung von hoher Bewandnis, da Aktorkräfte- und -momente stets physikalisch limitiert sind oder aus Sicherheitsaspekten aufgrund der Sättigung der Reifenkraft zu begrenzen sind. Die Minimierung der Zielfunktion bewirkt einerseits die Generierung der virtuellen Kräfte und Momente durch die realen Aktorstellgrößen. Andererseits erlaubt die Aufnahme der betraglichen Stellgrößen in die Zielfunktion des modellprädiktiven Optimierungsproblems eine Quantifizierung der Aktorstellaufwände. Da die Zielfunktion bei der Optimierung minimiert wird, kann die Methode der modellprädiktiven Regelung zur Ermittlung energieoptimaler Lösungen eines Regelproblems eingesetzt werden. Somit wird ein wesentlicher Beitrag zur Erfüllung der Zielanforderungen dieser Arbeit geleistet, vgl. Kapitel 1. Da das Konzept der modellprädiktiven Regelung in der vorliegenden

Fahrdynamikregelung zur Einregelung der dem Steuer- und Regelgesetz entstammenden virtuellen Stellgrößen durch die realen Aktorstellgrößen verwendet wird, wird von einer modellprädiktiven Stellgrößenallokation gesprochen.

Das der modellprädiktiven Regelung zugrundeliegende Prädiktionsmodell entspricht einem Reglerentwurfsmodell [2, 101]. Dieses bildet die zu regelnde Regelstrecke modellhaft ab. Aufgrund der funktionsorientierten Modularisierung des Fahrdynamikregelkonzepts dieser Arbeit beschreibt das Reglerentwurfsmodell des Steuer- und Regelgesetzes die Fahrdynamik der Regelstrecke bei inaktiven Aktoren und Einwirkung virtueller Stellgrößen. Das Prädiktionsmodell der modellprädiktiven Stellgrößenallokation bildet die dynamische Erzeugung der virtuellen Stellgrößen (z. B. des Fahrzeuggiermoments) durch die realen Aktorstellgrößen ab. Das Prädiktionsmodell beschreibt daher zum einen die Aktordynamik. Hierunter ist beispielsweise die Dynamik des Aufbaus eines Zusatzvorderachslenkwinkels bei Vorgabe einer Sollwellgeneratorverdrehung am Überlagerungsaktor der Vorderachslenkung oder die Dynamik des Radmomentenaufbaus der Elektromotoren bei Vorgabe eines Sollradmoments zu verstehen. Zum anderen wird die Reifenkraftdynamik im Prädiktionsmodell hinterlegt, die die Aufbaudynamik der Reifenlängskraft bei anliegendem Radmoment modelliert. Die Reifenkraftdynamik der Seitenkraft wird implizit durch die adaptiven Achssteifigkeiten erfasst und muss daher nicht explizit als Reifenseitenkraftdynamik in der modellprädiktiven Stellgrößenallokation modelliert werden. Das Prädiktionsmodell beinhaltet somit die Aktor- und Reifenkraftdynamik, wobei die Reifenkraftdynamik der Aktordynamik nachgeschaltet ist. Durch das Prädiktionsmodell kompensiert die modellprädiktive Stellgrößenallokation den Einfluss der Aktor- und Reifenkraftdynamik der Regelstrecke auf deren gesamte Dynamik. Damit ist im Reglerentwurfsmodell des Steuer- und Regelgesetzes lediglich die Horizontaldynamik der Regelstrecke auf stationär in dessen Schwerpunkt wirkende Kräfte und Momente abzubilden. Voraussetzung ist die Kenntnis der Aktor- und Reifenkraftdynamik der Regelstrecke. Die erforderliche omnidirektionale Steuerbarkeit der virtuellen Stellgrößen durch die Aktorstellgrößen ist bei Existenz mindestens einer Aktivlenkung und mindestens eines antreibenden und bremsenden Radmomentaktors an je einer Spur des Fahrzeugs oder zwei Aktivlenkungssystemen und eines unabhängigen Radmoments erfüllt [64, 86, 95], vgl. auch Anhang A6. Diese beiden Varianten der Aktorausstattung stellen somit die Mindestakuierung der Regelstrecke zur Umsetzung der Horizontaldynamik des Referenzmodells dar. Durch die Berücksichtigung zweier, redundanter Aktivlenkungssysteme und aller Räder zur Radmomentenverteilung in dem Regelkonzept dieser Arbeit entsteht ein überaktuiertes System. Die Aktorredundanz des überaktuierten Systems soll durch die zu entwickelnde modellprädiktive Stellgrößenallokation dazu genutzt werden, um die Referenzfahrdynamik unter minimalem Aktorenergiebedarf mit der Regelstrecke umzusetzen.

Die Aktordynamik des Aufbaus der Lenkaktordrehwinkel und Radmomente wird identisch zur Abbildung in der Regelstrecke in Abschnitt 3.2 mit linearen PT2-Übertragungsgliedern modelliert, vgl. auch Gienger et al. [35]. Die Reifenkraftdynamik der durch Radmomente induzierten Kräfte in Bewegungsrichtung des Rades wird im Stand der Technik als geschwindigkeitsabhängiges PT1-Übertragungsverhalten modelliert [96]. Zur Vereinfachung wird in dieser Arbeit die Reifenkraftdynamik nicht nachgeschaltet zur Aktordynamik des Radmomentenaufbaus betrachtet, sondern stattdessen ein PT2-Übertragungsglied zur Modellierung beider, kombinierter Dynamiken verwendet. Für den Seitenkraftaufbau durch die Lenkungsaktoren ist aufgrund der impliziten Abbildung der lateralen Reifenkraftdynamik in den adaptiven Achssteifigkeiten des Reglerentwurfsmodells der Querdynamik lediglich die Aktordynamik der Lenkaktoren zu berücksichtigen. Die PT2-Übertragungsglieder des Prädiktionsmodells der modellprädiktiven Stellgrößenallokation sind identisch zu den Aktordynamiken der Regelstrecke parametriert. Dies ist bezüglich des kombinierten Radmomenten- und Reifenlängskraftaufbaus insbesondere für höhere Geschwindigkeiten realistisch, da die geschwindigkeitsabhängige Reifenkraftdynamik nicht explizit abgebildet wird. Eine Unterscheidung bei der Wahl der Dynamikkonstanten für motorisches Antreiben und Rekuperieren oder mechanisches Bremsen erfolgt nicht, da die Dynamiken in der Praxis ähnlich schnell ausgeprägt sind [16, 57, 122]. Die Modellierung des dynamischen Verhaltens der Zusatzachslenkwinkel und der Reifenlängskräfte findet sich im Anhang A9.

Das Prädiktionsmodell entspricht einem Differentialgleichungssystem und wird durch das numerisch effiziente, explizite Euler-Integrationsverfahren gelöst. Um die Stabilität des expliziten Euler-Integrationsverfahrens zu gewährleisten, muss eine hinreichend genaue zeitliche Diskretisierung des Prädiktionsmodells erfolgen [7, 45]. Im Gegensatz zu den modellprädiktiven Optimierungsproblemen des Standes der Technik [2, 100, 101] unterscheidet sich die in dieser Arbeit verwendete Form des Optimierungsproblems durch die Berücksichtigung separater zeitlicher Diskretisierungen in Zielfunktion und Prädiktionsmodell. Die Zielfunktion wird mit einer Anzahl von $n_{P,Ziel}$ zeitlichen Diskretisierungsstellen und einer Zeitschrittweite von $T_{s,P,Ziel}$ aufgelöst. Demgegenüber wird für die feinere zeitliche Abtastung des Prädiktionsmodells an n_P zeitdiskreten Stellen die Zeitschrittweite $T_{s,P}$ eingeführt. Hinsichtlich der Berechnung des Prädiktionsmodells wird durch die feinere Zeitdiskretisierung eine stabile numerische Lösung durch das explizite Eulerverfahren angestrebt [7, 45]. Das Prädiktionsmodell besitzt aufgrund der für Aktoren und die Reifenkraftdynamik üblichen, geringen Zeitkonstanten im Bereich von 5-30 ms [86, 96, 122] hohe Eigenwerte, die einer entsprechenden zeitlichen Diskretisierung zur Lösung durch das Eulerintegrationsverfahren bedürfen. Zudem erfordert das im Anhang A10 beschriebene Prädiktionsmodell des mittleren Motorwirkungsgrades der Radmomentenantriebe η für die Approximation des Wirkungsgradkennfeldes über eine Taylorreihe erster Stufe eine hinreichend geringe Zeitschrittweite. Demgegenüber reduziert eine zeitlich gröbere Diskretisierung der Zielfunktionsauswertung mit der Zeitschrittweite $T_{s,P,Ziel} = n_P/n_{P,Ziel} \cdot T_{s,P}$ die Komplexität des modellprädiktiven Optimierungsproblems und ist damit ein Werkzeug zur Wahrung der Echtzeitfähigkeit. Das in dieser Arbeit verwendete modellprädiktive Optimierungsproblem lässt sich für jeden einzelnen der durch einen tiefgestellten Index gekennzeichneten Prädiktionsschritte (Indizes i, j, k, l) diskretisiert formulieren zu

$$\min_{u_A} \sum_{i=n_P/n_{P,Ziel}}^{n_P} \left(\widetilde{x}_{A,i}^T Q_{MPSA} \widetilde{x}_{A,i} + \widetilde{u}_{A,i-1}^T R_{MPSA} \widetilde{u}_{A,i-1} - w_{R,\eta} \eta_i \right)$$

$$\text{s. d. } \overline{x}_{A,j+1} = \overline{x}_{A,j} + T_{s,P} \left(A_{MPSA} \overline{x}_{A,j} + B_{MPSA} u_{A,j} \right),$$

$$\eta_{j+1} = \eta_j + G_\eta \left(x_{A,j+1} - x_{A,j} \right),$$

$$u_{A,min} \leq u_{A,j} \leq u_{A,max},$$

Gl. 4.14

$$Q_{MPSA} \geq 0 \wedge R_{MPSA} > 0 \text{ sym.}, w_{R,\eta} \geq 0, u_{A,\frac{k\,n_p}{n_{p,Ziel}}-1} = u_{A,\frac{k\,n_p}{n_{p,Ziel}}-l}$$

$$\text{für } i = \frac{n_p}{n_{p,Ziel}} \left(\frac{n_p}{n_{p,Ziel}} \right) n_p \, , \, \frac{n_p}{n_{p,Ziel}} \in \mathbb{Z}, j = 0(1)n_p - 1 \in \mathbb{Z},$$

$$k = 1(1)n_{p,Ziel}, l = 2(1)\frac{n_p}{n_{p,Ziel}}.$$

Die summarische Zielfunktion in Gl. 4.14 beschreibt ein Multizieloptimierungs-problem. Die Formulierung des Optimierungsproblems basiert auf der Methode der gewichteten Summe, d. h. die Zielfunktion setzt sich summarisch aus den über die Matrizen Q_{MPSA}, R_{MPSA} und den Skalar $w_{R,\eta}$ gewichteten Anforderungen an die modellprädiktive Stellgrößenallokation zusammen [40]. Der erste Summand der Zielfunktion bewirkt eine Minimierung der quadratischen Abweichung zwischen den modellhaft induzierten Kräften und Momenten auf die Regelstrecke und den virtuellen Stellgrößen. Da die virtuellen Stellgrößen die Sollvorgabe zur Referenzmodellfolge darstellen, entspricht die Minimierung des ersten Summanden der Zielfunktion dem primären Ziel der Fahrdynamikregelung. Der zweite Summand der Zielfunktion führt zu einer Minimierung der quadratischen Abweichung zwischen den Aktorstellgrößen und den Aktorzuständen bzw. desjenigen stationären Radmoments, wie es zur Einhaltung der virtuellen Längskraft bei einer Gleichverteilung der Radmomente benötigt wird. Die Minimierung dieses Summanden sucht damit den Aktorenergiebedarf zu verringern und repräsentiert das Sekundärziel der Fahrdynamikregelung. Der Subtrahend in der Zielfunktion ist der gewichtete, prädizierte, mittlere Wirkungsgrad der Radmotoren, der bei der Lösung des Optimierungsproblems maximiert wird. Damit wird der Radmotorenergiebedarf verringert und ebenfalls zur Erreichung des Sekundärziels der Fahrdynamikregelung beigetragen.

Der Fehlerzustandsvektor $\tilde{x}_A$ des ersten Summanden der Zielfunktion errechnet sich durch Differenzbildung der aktorinduzierten Kräfte und Momente auf den Fahrzeugschwerpunkt der Regelstrecke und den virtuellen Stellgrößen. Die Kraft- und Momentenerzeugung durch die Aktorwirkzustände x_A ist mathematisch linear modelliert. Der Fehlerzustandsvektor $\tilde{x}_A$ schreibt sich zu

$$\tilde{x}_A = \begin{bmatrix} G_{M_z} x_A - M_z^{virt} \\ G_{F_y} x_A - F_y^{virt} \\ G_{F_x} x_A - F_x^{virt} \end{bmatrix}. \qquad \text{Gl. 4.15}$$

Die Aktorwirkzustände x_A sind durch den Zusatzachslenkwinkel $\Delta\delta_{VAL}$ an der Vorderachse, den Achslenkwinkel an der Fahrzeughinterachse δ_{HAL} und die im Latsch wirkenden Reifenkräfte $F_{x,ij}$ in die jeweilige Radlängsrichtung aufgrund elektrischer Motoren oder mechanischer Bremsen definiert. Der Zustandsvektor x_A beschreibt daher die Wirkung der Aktorzustände der Regelstrecke auf die Schnittstellengrößen für die Lenkbewegungen und die Längskraft des wankerwieterten linearen Einspurmodells aus Gl. 4.1. Der Vektor der Aktorwirk-zustände schreibt sich zu

$$x_A = \left[\Delta\delta_{VAL}, \delta_{HAL}, F_{x,VL}, F_{x,VR}, F_{x,HL}, F_{x,HR} \right]^T.$$

Gl. 4.16

Gl. 4.15 enthält die Allokationsvektoren G_{M_z}, G_{F_y} und G_{F_x}, die den mathema-tisch linearen Zusammenhang zwischen den Zusatzachslenkwinkeln bzw. Rad-längskräften des Aktorwirkzustandsvektors x_A auf die Längskraft, die Querkraft und das Giermoment im Fahrzeugschwerpunkt der Regelstrecke beschreiben. Zur Modellierung der Kraftwirkung auf die Regelstrecke sind bezüglich der Zusatzachslenkwinkel die adaptiven Achssteifigkeiten zu multiplizieren. Mit den Spurweiten s_v und s_h an Vorder- und Hinterachse, dem vorderen und hinteren Radstand l_v und l_h und den dort vorherrschenden Achslenkwinkeln, können die Allokationsvektoren berechnet werden zu

$$G_{M_z} = \left[\hat{c}_v l_v, -\hat{c}_h l_h, -\frac{s_v}{2}cos(\delta_v) + l_v sin(\delta_v), \frac{s_v}{2}cos(\delta_v) + \cdots \right.$$
$$\left. + l_v sin(\delta_v), -\frac{s_h}{2}cos(\delta_h) - l_h sin(\delta_h), \frac{s_h}{2}cos(\delta_h) - l_h sin(\delta_h) \right],$$

Gl. 4.17

$$G_{F_y} = [\hat{c}_v, \hat{c}_h, sin(\delta_v), sin(\delta_v), sin(\delta_h), sin(\delta_h)],$$

$$G_{F_x} = [0,0, cos(\delta_v), cos(\delta_v), cos(\delta_h), cos(\delta_h)].$$

Die Achslenkwinkel an Vorder- und Hinterachse δ_v, δ_h können über die Sensor-informationen der Zahn- und Hubstangenpositionen s_{VAL}, s_{HAL} [57, 99] und die kinematischen Kennfelder zur Beschreibung der lenkungsabhängigen Spur-winkel $\delta_v(s_{VAL})$, $\delta_h(s_{HAL})$ bestimmt werden.

Eine Berücksichtigung des Stellenergiebedarfs im modellprädiktiven Optimie-rungsproblem erfolgt durch den quadratischen Summanden $\tilde{u}_A^T R_{MPSA} \tilde{u}_A$ in der Zielfunktion aus Gl. 4.14. Dieser verlangt die Einführung des Stellaufwand-vektors $\tilde{u}_A$, mit der für alle Radmomente $M_{Rad,ij}$ gültigen vektoriellen Schreib-weise

$$\tilde{u}_A = \left[\Delta\varphi_{wg}^{soll} - \Delta\delta_{VAL}\, \iota_{VAL}, s_{HAL}^{soll} - \delta_{HAL}\, \iota_{HAL}, M_{Rad}^{soll} - \frac{F_x^{virt}}{4}r_{dyn} \right]^T$$

Gl. 4.18

Für die Aktivlenkungen beschreibt der Stellaufwandvektor die Differenz aus Aktorsollanforderung und Aktorzustand. Diese ist für den Energiebedarf relevant, da die sicherheitsrelevanten Verriegelungsmechanismen der Aktivlenkungssysteme nur bei Betriebszustandänderungen Strom aufnehmen [14, 99]. Im Hinblick auf die Radmomente geht in den Stellaufwandvektor die Differenz der Sollradmomente und der zur Umsetzung der Längsdynamikanforderung nötigen individuellen Radmomente ein. Es wird eine Gleichverteilung der Radmomente angestrebt, da dies die übliche Annahme der Auslegung der Elektromotoren darstellt. Implizit findet dadurch eine bewusste Priorisierung der durch die virtuelle Längskraft F_x^{virt} definierten Längsdynamikanforderung statt, die vom Fahrer durch eine spezifische Fahrpedalstellung oder einen Tempomaten bestimmt wird. Eine explizite Absenkung der Zielfunktion durch negative, zu rekuperierende Radmomente mit der Absicht der Energierückgewinnung ist zur Wahrung der quadratischen Konvexität des Optimierungsproblems nicht möglich.

Die Eingangsgrößen der modellprädiktiven Stellgrößenallokation ergeben sich aus den betrachteten Aktoren der Regelstrecke. Die Aktoren sind eine Überlagerungslenkung an der Vorderachse, eine aktive Hinterachslenkung und elektrische Traktionsmotoren mit Rekuperationsmöglichkeit und elektrohydraulische Bremsaktoren. Diese, in dieser Arbeit als *Vollaktuierung* bezeichnete Aktorauswahl, erweist sich für eine Fahrdynamikregelung der Horizontaldynamik mit hohem Querbeschleunigungspotential als zweckmäßig. In der modellprädiktiven Stellgrößenallokation ist überdies jede Teilaktuierung durch Einschränkung der Lösungsmenge des Optimierungsproblems über die Stell- und Zustandsgrößenbeschränkungen realisierbar. Die Eingangsgrößen des Prädiktionsmodells sind die Aktorstellgrößen, in der Form

$$\boldsymbol{u}_A = \left[\Delta\varphi_{wg}^{soll}, s_{HAL}^{soll}, \boldsymbol{M}_{Rad}^{soll} \right]^T. \qquad\qquad \text{Gl. 4.19}$$

Die Aktorstellgrößen für die Aktivlenkungen sind eine Sollverdrehung des Wellengenerators $\Delta\varphi_{wg}^{soll}$ und eine Sollverschiebung der Hubstange der aktiven Hinterachslenkung s_{HAL}^{soll}. Die Zustände der Reifenkräfte werden mit dem radindividuellen, dynamischen Radhalbmesser $r_{dyn,ij}$ auf Basis der zwischen Fahrbahn und jedem Rad übertragbaren Solladmomente $\boldsymbol{M}_{Rad}^{soll}$ stationär bilanziert, vgl. Gl. 4.4.

Die für die Zielfunktion verwendete Methode der gewichteten Summe liefert hinsichtlich konvexer Optimierungsprobleme robuste Ergebnisse, wenn die Normierung der Summanden der Zielfunktion auf die Differenz ihrer Pareto-Maxima und Absolutminima und zudem eine konvexe Gewichtung erfolgt [40, 82]. Unter einem Pareto-Maximum einer multikriteriellen Zielfunktion wird der Wert eines Summanden der Zielfunktion verstanden, den diese Teilzielfunktion an den zielfunktionsindividuellen Lösungen aller übrigen Teilzielfunktionen maximal annimmt [40]. Die Pareto-Maxima der Zielfunktionssummanden werden in dieser Arbeit über pragmatische Betrachtungen der Stellgrößenbegrenzungen approximativ bestimmt. Die Absolutminima der Zielfunktionssummanden werden der Einfachheit halber verschwindend angesetzt. Dies ist bei einer physikalisch sinnvollen Wahl des Referenzmodells und einer Beeinflussbarkeit der Sollgrößen mit den zur Verfügung stehenden Aktoren bei sinnvoller Aktordimensionierung zulässig. Bei konvexer Gewichtung wird die Summe der Gewichtungsfaktoren zu eins angesetzt [82]. Eine konvexe Gewichtung wird zugunsten eines in Vorabuntersuchungen resultierenden, stabileren numerischen Verhaltens bei numerisch höherer Gewichtung vermieden. Durch einen für alle Teilzielfunktionen einheitlichen Grundgewichtungsfaktor wird eine Streckung der Wertelandschaft der Zielfunktion erzielt, die zu besseren Konvergenzeigenschaften um das Optimum führt. Durch eine zusätzliche Gewichtung der Zielfunktionssummanden für die primären und sekundären Ziele der Fahrdynamikregelung kann eine anschauliche Auflösung des Zielkonflikts aus Regelgüte und Stellenergiebedarf erfolgen, vgl. Abschnitt 5.3.4. Die symmetrischen Diagonalmatrizen Q_{MPSA} und R_{MPSA} entsprechen Normierungs- und Gewichtungsmatrizen und schreiben sich mit den individuellen Gewichtungen $w_{Q,i}$, $w_{R,i}$ und durch max-Indizes gekennzeichnete Pareto-Maxima zu

$$Q_{MPSA,ii} = \frac{w_{Q,i}}{\tilde{x}_{A,i}^2\big|_{max}} \, f\ddot{u}r \; i = 1(1)3, \qquad \text{Gl. 4.20}$$

$$R_{MPSA,(i-3)(i-3)} = \frac{w_{R,i}}{\tilde{u}_{A,i}^2\big|_{max}} \, f\ddot{u}r \; i = 4(1)9, \qquad \text{Gl. 4.21}$$

wobei die vektoriellen Zielfunktionsummanden aufsteigend nummeriert sind. Zusammenfassend wird durch die Gewichtungs- und Normierungsmethode der Zielfunktion zu einer stabilen numerischen Lösung beigetragen und der Zielkonflikt der Abwägung primärer und sekundärer Ziele der Fahrdynamikregelung anschaulich auflösbar.

Das Prädiktionsmodell der Aktor- und Reifenkraftdynamik wird als lineare Zustandsraumdarstellung mit der System- und Eingangsmatrix A_{MPSA} und B_{MPSA} und den Aktorstellgrößen u_A formuliert, vgl. Gl. 4.14. Die Zustände des Prädiktionsmodells entsprechen den Aktorwirkzuständen und deren ersten, zeit-

lichen Ableitungen. Die Erweiterung der Aktorwirkzustände um die ersten zeitlichen Ableitungen wird zur Darstellung des PT2-Verhaltens der Aktor- und Reifenkraftdynamik benötigt. Der erweiterte Aktorwirkzustandsvektor $\bar{x}_A$ und die
Matrizen des Prädiktionsmodells werden im Anhang A9 beschrieben.

Das Prädiktionsmodell des mittleren Motorwirkungsgrades der Radmomentenantriebe η ist im Anhang A10 beschrieben. Die Prädiktion des mittleren Wirkungsgrades der Antriebsmotoren basiert auf der Taylorapproximation des Wirkungsgradkennfeldes erster Stufe. Konkret heißt das, der Energieeffizienzvektor G_η
beinhaltet die Gradienten des Wirkungsgradkennfeldes bezüglich der Motormomente bei konstanter Drehzahl. Für die Gültigkeit dieses mathematischen
Ansatzes ist eine hinreichende genaue Zeitdiskretisierung vorauszusetzen, die im
Anhang A10 diskutiert wird.

Die Ungleichungsnebenbedingung in Gl. 4.14 beschränkt lediglich Aktorstellgrößen und keine Aktorwirkzustände. Dies stellt für diese Arbeit eine konserva-
tive Annahme dar, da die Begrenzungen der Stellgrößen auf Grundlage der extre-
malen Aktorwirkzustände gewählt sind. Die Stellgrößen dürften die Aktorwirkzustände im Rahmen des Leistungsangebots der elektrischen Energiequelle übersteigen, da diese Zustände entsprechend der Aktor- und Reifenkraftdynamik zeitlich verzögert aufgebaut werden. Die derartige Wahl der Stellgrößenbeschränkungen dient damit dem Aufzeigen des Potentials der modellprädiktiven Stellgrößenallokation. Die Stellgrößenbeschränkungen sind für den Zusatzvorder-
achslenkwinkel auf $\pm 10°$ und einen Hinterachslenkwinkel auf $\pm 7°$ innerhalb der
Grenzen von Seriensystemen gewählt [99]. Eine Anpassung der Begrenzungen
der aktiven Achslenkwinkel auf Basis des Kraftschlusspotentials zur Laufzeit
ergibt in Vorabstudien keine nennenswerten Vorteile bezüglich der entwickelten
integrierten Fahrdynamikregelung und wird daher nicht umgesetzt. Die extrema-
len Radmomente dieser Arbeit resultieren aus Motor- und Bremsdruckkennlinien
und werden zusätzlich durch die maximal übertragbare Kraft zwischen Fahrbahn
und Reifen begrenzt. Dies setzt das Wissen um die Radaufstandskräfte und
Fahrbahnreibbeiwerte voraus, deren Werte durch serienreife Schätzer prinzipiell
verfügbar sind [6, 11, 59]. Zur überschlägigen Radaufstandskraftbestimmung
wird ein einfaches Radlastmodell verwendet, vgl. Knecht [63].

Auf Grundlage der Prädiktionsmodelle und Stellgrößenbegrenzungen werden die
in der Zielfunktion bewerteten Stellgrößen über den Prädiktionshorizont
$T_{s,P} \cdot n_P = T_{s,P,Ziel} \cdot n_{P,Ziel}$ hinweg optimiert, vgl. Gl. 4.14. Die Lösung ergibt
eine Folge von $n_{P,Ziel}$ optimalen Stellgrößenvektoren, von denen ausschließlich

der erste Lösungsvektor auf die Regelstrecke mit der Zeitschrittweite $T_{s,MPSA}$ aufgeschaltet wird [2]. Für das gegenüber der Zielfunktion feiner diskretisierte Prädiktionsmodell bedeutet dies, dass die optimalen Lösungsvektoren der Stellgrößen jeweils über das Zeitintervall $T_{s,P,Ziel}$ gehalten werden, vgl. Gl. 4.14. Durch eine stete Wiederholung des Prozesses aus Optimierung und Aufschaltung wird eine Ausregelung von Prozessstörungen möglich, da zu jeder Optimierungssequenz die für die Regelung nötigen Systemzustände des Prädiktionsmodells neu initialisiert werden. Damit ist eine Rückführung der Regelstreckenantwort auf die aufgeschalteten Stellgrößen gegeben. Die Initialisierung der Systemzustände der Prädiktionsmodelle erfordert hinsichtlich der Wirkungsgradprädiktion die Kenntnis der Radmotormomente und -drehzahlen zur kennfeldbasierten Ermittlung der Motorwirkungsgrade und zur Berechnung des Energieeffizienzvektors $\boldsymbol{G}_\eta$ nach Gl. A.33 und Gl. A.34 im Anhang A10. Die Motormomente und -drehzahlen entstammen motorinternen Messungen. In Bezug auf die Prädiktion der Aktor- und Reifenkraftdynamik sind alle Elemente des Vektors der erweiterten Aktorwirkzustände $\overline{\boldsymbol{x}}_A$ zu bestimmen, vgl. Gl. A.28 im Anhang A9. Die Ermittlung des Zusatzachslenkwinkels an der Vorderachse $\Delta\delta_{VAL}$ erfolgt über die Übersetzung ι_{VAL} des Wellengenerators zum additiven Vorderachslenkwinkel gemäß Gl. A.31 im Anhang A9. Der Drehwinkel des Wellengenerators wird vom Überlagerungsaktor gemessen [99]. Die Bestimmung der Winkelgeschwindigkeit des zusätzlichen Vorderachslenkwinkels $\dot{\Delta\delta}_{VAL}$ erfolgt analog durch die Übersetzung ι_{VAL} und numerischer Differentiation [51, 109, 113] der Wellengeneratorverdrehung. Ebenso ist aus der vom Hinterachsaktor bereitgestellten Messung der Hubstangenposition [57, 99] und deren numerischer Differentiation zur Hubstangengeschwindigkeit mit der bekannten Übersetzung ι_{HAL} der Achslenkwinkel δ_{HAL} und die Achswinkelgeschwindigkeit $\dot{\delta}_{HAL}$ an der Hinterachse zu berechnen. Die Informationen über die übertragenen Reifenlängskräfte $F_{x,ij}$ werden aus Momentenmessungen der Elektromotoren oder dem elektrohydraulisch induzierten Bremsdruck und dem numerisch differenzierten Raddrehzahlsignal bei bekannter Motorgetriebeübersetzung auf Basis der Impulsmomentenbilanz des Rades gewonnen [32]. Die zeitliche Ableitung der Reifenlängskräfte $\dot{F}_{x,ij}$ ist wiederum durch numerische Differentiation zu bestimmen. Für den Praxiseinsatz ist die modellprädiktive Stellgrößenallokation daher initialisierbar. Da diese Arbeit die Fahrdynamikregelung ausschließlich simulativ betrachtet, können die ensprechenden, zu initialisierenden Signale aus der Simulationsumgebung direkt verwendet werden.

Im Folgenden werden die methodische Auslegung der modellprädiktiven Stellgrößenallokation und deren echtzeitfähige Lösung diskutiert. Hinsichtlich der Auslegung gilt es, die Anzahl an Prädiktionsschritten und deren zeitliche Diskretisierung unter dem Gesichtspunkt der effizienten und stabilen Lösbarkeit des modellprädiktiven Optimierungsproblems zu definieren.

4.3.2 Auslegungsmethode der Stellgrößenallokation

Die Auslegung der modellprädiktiven Stellgrößenallokation erfordert zunächst die Festlegung der Anzahl und Schrittweiten der zeitlichen Diskretisierungsschritte. Diesbezüglich ist eine direkte Verknüpfung mit der Wahl der Adaptionsgeschwindigkeit des Zustands- und Parameterfilters zu beachten, da diese die Änderungsgeschwindigkeit der virtuellen Stellgrößen maßgeblich beeinflusst. Der Prädiktionshorizont, der sich als Produkt aus der Prädiktionszeitschrittweite $T_{s,P}$ und der Anzahl an Prädiktionsschritten n_p ergibt, wird so gewählt, dass innerhalb dessen eine vernachlässigbare Änderung der virtuellen Stellgrößen und damit der Sollanforderungen für die modellprädiktive Stellgrößenallokation resultiert. Dadurch kann das modellprädiktive Konzept der Sollwertstabilisierung Anwendung finden, das aufgrund nur implizit und nicht explizit zeitabhängiger Sollwerte eine einfache Allokationsauslegung zur Folge hat [100]. Die Anwendbarkeit der Sollwertstabilisierung setzt physikalisch sinnvolle Sollwerte voraus [100], die durch die Konzeption des Referenzmodells gegeben sind, vgl. Abschnitt 3.1.1. Gleichzeitig muss die Anzahl an Prädiktionsschritten n_P und an Zielfunktionsprädiktionsschritten $n_{p,Ziel}$ minimiert werden, um die Komplexität des Optimierungsproblems zu reduzieren. Die Zeitschrittweite $T_{s,MPSA}$ der Aufschaltung der optimierten Stellgrößen auf die Regelstrecke und die Zeitschrittweite $T_{s,p,Ziel}$ der Bewertung der Zielfunktionssummanden werden gleichgesetzt.

Die Zielfunktionszeitschrittweite $T_{s,p,Ziel}$ wird größer als die größte Anstiegszeit des Prädiktionsmodells gewählt, so dass innerhalb des Zeitintervalls $T_{s,p,Ziel}$ die Sollgrößen aufgebaut werden können. Eine zu große Wahl von $T_{s,p,Ziel}$ resultiert in zu geringen Stellgrößen, die eine Umsetzung der eigentlichen Dynamik der virtuellen Stellgrößen nicht erlauben. Umgekehrt resultiert ein zu geringes $T_{s,p,Ziel}$ in sehr großen Aktorstellgrößen, da dem System nur wenig Zeit für den Aufbau der virtuellen Stellgrößen gelassen wird. Dies kann zu einem instabilen Verhalten führen. Die Anzahl an Prädiktionsschritten der Zielfunktion $n_{p,Ziel}$

wird abhängig davon minimal gewählt, da der Rechenaufwand zur Lösung von modellprädiktiven Regelungsproblemen maßgeblich vom Prädiktionshorizont abhängig ist [97]. Dies bedeutet, dass $n_{p,Ziel}$ so weit reduziert wird, wie sich die optimierten Stellgrößen bei gleichzeitig äquivalenter Erfüllung der Zielfunktion unwesentlich unterscheiden. In dieser Arbeit wird die Anzahl an Prädiktionsschritten der Zielfunktion $n_{p,Ziel}$ auf zwei begrenzt, wobei die Zielfunktionszeitschrittweite $T_{s,p,Ziel}$ auf 4 ms festgelegt wird. Die Zielfunktionszeitschrittweite entspricht auch der Zeitschrittweite $T_{s,MPSA}$ der Aufschaltung des ersten optimalen Stellgrößenvektors auf die Regelstrecke. Die zeitliche Diskretisierung des Prädiktionsmodells entscheidet über die numerische Stabilität des zur Prädiktion verwendeten Euler-Verfahrens [7, 45]. Die Prädiktionszeitschrittweite $T_{s,p}$ wird zu 0,8 ms gewählt, da dieser Wert kleiner als die kleinste Zeitkonstante des Prädiktionsmodells ist und damit die prädizierte Dynamik numerisch stabil aufgelöst werden kann. Das modellprädiktive Optimierungsproblem umfasst somit $n_p = 10$ Diskretisierungsschritte über den Prädiktionshorizont. Die Wahl der Gewichtungsfaktoren der Primär- und Sekundärziele $w_{Q,i}$, $w_{R,i}$ der modellprädiktiven Stellgrößenallokation kann zur Auflösung des Zielkonflikts zwischen Regelgüte und Aktorenergiebedarf simulativ bestimmt werden, vgl. Abschnitt 5.3.4.

Eine schematische Darstellung einer Optimierungssequenz ist in Abbildung 8 wiedergegeben. Darin werden für jeden der $k = 10$ Prädiktionsschritte für ein i-beliebiges der drei Primärziele die konstanten Werte der virtuellen Stellgröße $y_k^{virt,i}$, die auf die virtuelle Stellgröße allokierten Aktorwirkzustände $G_i x_{A,k}^i$ und die optimierten Aktorstellgrößen $u_{A,k}^i$ dargestellt. Die in die Zielfunktion eingehenden Größen sind durch Punktmarkierungen gekennzeichnet. Abbildung 8 verdeutlicht, dass der allokierte Aktorwirkzustand $G_i x_{A,k}^i$ bereits innerhalb der ersten Zielfunktionszeitschrittweite $T_{s,p,Ziel}$ der virtuellen Stellgröße $y_k^{virt,i}$ entspricht. Damit wird das primäre Ziel der Fahrdynamikregelung innerhalb der Aufschaltungszeitschrittweite der modellprädiktiven Stellgrößenallokation $T_{s,MPSA}$ durch Aufschaltung des ersten Lösungsvektors der Stellgröße $u_{A,0}^i$ erfüllt. Die Lösung der modellprädiktiven Stellgrößenallokation wird nachfolgend beschrieben.

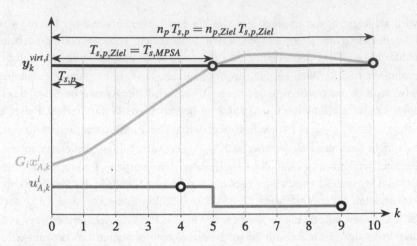

Abbildung 8: k-diskretisierte Optimierungssequenz für die Aktorstellgröße $u^i_{A,k}$ bei virtueller Stellgröße $y^{virt,i}_k$ und prädizierter Kraft- bzw. Momentenwirkung $G_i x^i_{A,k}$ ($T_{s,p}$: Prädiktionszeitschrittweite, n_p: Prädiktionshorizont); Beiträge zur Kostenfunktion der Optimierung sind kreisförmig markiert

4.3.3 Lösung des modellprädiktiven Optimierungsproblems

Das Optimierungsproblem der konzipierten modellprädiktiven Stellgrößenallokation dieser Arbeit wird als konvex quadratisch formuliert, vgl. Gl. 4.14. Konvexe Optimierungsprobleme sind gegenüber allgemeinen, nichtlinearen effizient lösbar, da jedes lokale Minimum dem globalen entspricht [19] und eine rechenzeitintensive Überprüfung und Vermeidung lokaler Minima nicht zu erfolgen hat. Zur Lösung des modellprädiktiven Optimierungsproblems aus Gl. 4.14 wird der problemspezifische Optimierungsalgorithmus *cvxgen* [84] verwendet. Dieser transformiert das zu betrachtende konvex quadratische Optimierungsproblem zunächst auf die Standardform der quadratischen Programmierung und wendet auf dieses ein primal-duales Innere-Punkte-Verfahren an. Methoden der Cholesky-Zerlegung und deren statischer und dynamischer Regularisierung als auch der iterativen Verfeinerung tragen wesentlich zu einer robusten Lösung bei. Der cvxgen-Optimierer liegt in auf Echtzeitrechnern und Fahrzeugsteuergeräten implementierbarem C-Code vor und ist nicht an spezielle Bibliotheken gebunden. Durch den effizienten Lösungsalgorithmus ist eine Echtzeitanwendung mit Abtastraten bis in den Hecto- oder Kilohertzbereich möglich, der bei Wahl von

$T_{s,MPSA} = 4\,\mathrm{ms}$ notwendig ist. [84] Damit wird eine Lösbarkeit auf Fahrzeug-steuergeräten realisiert und der Zielanforderung des Regelkonzepts in Kapitel 1 entsprochen.

Die Synthese der entwickelten Module des Regelkonzepts zu der integrierten Fahrdynamikregelung dieser Arbeit mit ihren Schnittstellen und der definierten Systemgrenze der Betrachtung wird im folgenden Abschnitt behandelt.

4.4 Synthese des Fahrdynamikregelkonzepts

Die Struktur des modularen, integrierten Fahrdynamikregelkonzepts mit dessen Schnittstellen ist in Abbildung 9 dargestellt und beinhaltet die in Kapitel 3 und diesem Kapitel entwickelten Konzeptmodule. Ziel der Fahrdynamikregelung ist die Bestimmung der Stellgrößen der Regelstrecke, die für die Vollaktuierung durch die Sollverdrehung des Wellgenerators der Vorderachsüberlagerungs-lenkung $\Delta\varphi_{wg}^{soll}$, die Sollverschiebung der Hubstange der Hinterachslenkung s_{HAL}^{soll} und die Sollradmomente $M_{Rad,ij}^{soll}$ gegeben sind und auf die Regelstrecke aufge-schaltet werden. Die Fahrzeugreaktion wird durch die Messung der Gierrate, Querbeschleunigung, Wankrate und der Aktorzustände erfasst. Ein in dieser Arbeit nicht spezifiziertes Zusatzfilter erweitert die Informationen über den Fahr-zustand modellbasiert um die Fahrzeuggeschwindigkeit v und den Fahrbahnreib-beiwert μ_{max}. Der Fahrbahnreibbeiwert findet zum Beispiel Eingang in die modellprädiktive Stellgrößenallokation zur Limitierung der Radmomentenstell-größen. Die Fahrzeuggeschwindigkeit wird zusätzlich im Steuer- und Regel-gesetz als auch im Zustands- und Parameterfilter verwendet. Das Gesamtziel der integrierten Fahrdynamikregelung ist die Umsetzung der Horizontaldynamik des wankerweiterten linearen Referenzeinspurmodells durch geeignete Ansteuerung der Aktoren der Regelstrecke. Das Fahrverhalten des Referenzmodells entspricht horizontaldynamisch dem eines Oberklassefahrzeugs, vgl. 3.1. Die Regelstrecke ist für diese Arbeit durch ein komplexes Mehrmassenmodell abgebildet und durch das LEICHT-Fahrzeug repräsentiert, vgl. Abschnitt 3.2. Die Dynamik des Referenzmodells ergibt sich aus den Fahrereingaben der Fahrpedalstellung p und des Lenkradwinkels δ_H. Eine Begrenzung der Referenzdynamik auf physikalisch realisierbare Fahrzeugreaktionen verlangt die Information über den Fahrbahn-reibbeiwert μ_{max}. Für eine Tempomatfunktion und die Abbildung des Fahrzu-standes der Regelstrecke steht im Referenzmodell die Fahrzeuggeschwindigkeit v zur Verfügung.

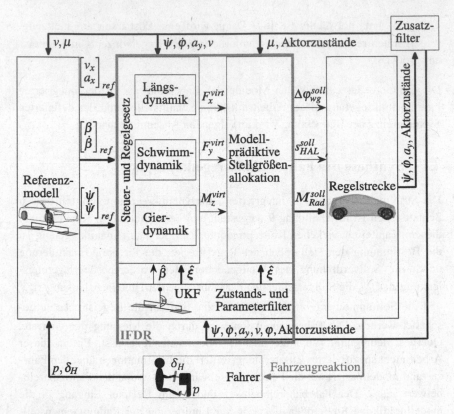

Abbildung 9: Modulare Struktur und Schnittstellen der integrierten Fahrdyna-
                 mikregelung

Die Referenzgrößen der Längs-, Schwimm- und Gierdynamik dienen innerhalb
des dynamikentkoppelnden Steuer- und Regelgesetzes neben den Mess- und
Zusatzfiltergrößen zur modellbasierten Berechnung der virtuellen Stellgrößen
F_x^{virt}, F_y^{virt}, M_z^{virt}. Die adaptiven Parameter des Reglerentwurfsmodells $\hat{\xi}$ werden durch das UKF-basierte Zustands- und Parameterfilter zur Laufzeit unter
Korrektur durch Mess- und Zusatzfiltergrößen stochastisch optimal bestimmt.
Der gefilterte Schwimmwinkel $\hat{\beta}$ zur fehlerproportionalen Regelung der
Schwimmdynamik der Regelstrecke durch einen Sliding Mode-Regler entstammt
ebenfalls dem Zustands- und Parameterfilter. Die Modellkomplexität des Referenzmodells und des Reglerentwurfsmodells stimmen durch die Wahl des wankerweiterten linearen Einspurmodells überein. Die modellprädiktive Stellgrößen-

allokation teilt die virtuellen Stellgrößen auf Basis hinterlegter und durch Mess-
und Filtergrößenrückführung initialisierter Aktor- und Reifenkraftdynamik-
modelle, Aktorwirkungsgradkennfelder und des adaptiven, stationären Reglerentwurfsmodells unter Berücksichtigung von Beschränkungen optimal auf die
realen Stellgrößen auf. So ist das virtuelle Giermoment beispielsweise durch eine
Radmomentenverteilung oder aktive Achslenkwinkel an Vorder- und Hinterachse zu erzeugen. Die durch die modellprädiktive Stellgrößenallokation ermit-
telten realen Stellgrößen werden auf die Regelstrecke aufgeschaltet.

4.5 Aspekte der Stabilität und Robustheit

Die Robustheit des Regelkonzepts ist für die Fahrsicherheit von zentraler Bedeutung [48]. In diesem Sinne muss die Stabilität der Fahraufgabe auch dann erfüllt
sein, wenn parametrische Unsicherheiten und unmodellierte Dynamik des
Reglerentwurfsmodells bezüglich der Regelstrecke vorliegen oder diese mit Störungen beaufschlagt wird. Durch die modulare Gestaltung des integrierten Fahrdynamikregelkonzepts dieser Arbeit ist die Eigenschaft der Robustheit sowohl
von jedem Konzeptmodul separat als auch dessen Gesamtverbund einzufordern,
um ein robustes Gesamtkonzept zu gewährleisten. Daher werden nachfolgend
realisierte, modulindividuelle Robustheitsmethoden vorgestellt.

Im Kontext des Referenzmodells wird in dieser Arbeit zur Robustheitserhöhung
die Solldynamik auf physikalisch sinnvolle Werte begrenzt, vgl. Abschnitt 3.1.1.
Die Zustands- und Parameterfilterung betrachtend, besteht ein wesentlicher
Aspekt der Erhöhung der Stabilität und Robustheit des Filters und damit des
Gesamtkonzepts in der angemessenen Wahl der Filtermodellkomplexität zur Abbildung der Horizontaldynamik der Regelstrecke. Diese Auswahl erfolgt methodisch anhand des offenen und geschlossenen Regelkreises, wie anhand des
Kapitels 5 gezeigt wird. Die Filtermodellkomplexität soll derart beschaffen sein,
dass parametrische Unsicherheiten, unmodellierte Dynamik und Störungen der
Regelstrecke durch die stochastisch optimale Filterung abgebildet werden [31,
94]. Die Stabilität und Robustheit des Filters ist hinsichtlich des Fahrdynamikregelkonzepts insbesondere relevant, da das Filter wesentliche Schnittstellengrößen an das Steuer- und Regelgesetz und die modellprädiktive Stellgrößenallokation berechnet. Das heißt, dass das Filter ein valides Reglerentwurfsmodell zur
modellbasierten Berechnung virtueller Stellgrößen zur Laufzeit ermittelt. Zudem
wird der Schwimmwinkels zum Regelungszweck geschätzt. Die adaptiven Achssteifigkeiten werden überdies für eine energieoptimale und redundante Aktor-

ansteuerung durch die modellprädiktive Stellgrößenallokation eingesetzt. Bezüglich des UKF wird angemerkt, dass eine Stabilität der Zustands- und Parameterfilterung aufgrund der stark restriktiven Bedingungen oftmals nicht praxistauglich nachgewiesen werden kann [81, 115]. Im Vorsteuergesetz aus Gl. 4.10 wird durch die Verwendung der zu steuernden Referenzgrößen anstatt der fehlerbehafteten Mess- oder Schätzgrößen ein Beitrag zur verbesserten Gesamtsystemstabilität und -robustheit geleistet, vgl. auch Anhang A7. Das im Abschnitt 4.2 beschriebene Steuer- und Regelgesetz auf Basis der Sliding Mode-Regelung erlaubt durch eine hinreichend große Wahl der Reglerverstärkungen die Erhöhung der Gesamtsystemrobustheit in definierbaren Lastfällen. Die Betrachtung der Stabilität der modellprädiktiven Stellgrößenallokation beschränkt sich auf eine Analyse der Konvergenz der Zielfunktionsminimierung und der Einhaltung der Nebenbedingungen. Ein Stabilitätsnachweis zur Laufzeit erfolgt zur Reduktion der Problemkomplexität und damit der Wahrung der Echtzeitfähigkeit nicht. Ansätze zur laufzeitechten Überprüfung der Stabilität modellprädiktiver Regelungsprobleme finden sich z. B. in Mayne et al. [85].

Eine Steigerung der Robustheit des Gesamtkonzepts gegenüber Unsicherheiten und Störungen kann ausblickend hinsichtlich des Referenzmodells durch dessen dynamische Veränderung in Abhängigkeit von der Fahrzeugreaktion der Regelstrecke erreicht werden [34, 76]. Im Kontext der Zustands- und Parameterfilterung kommen Methoden in Betracht, die die Adaptionsraten dergestalt steuern, dass die Fehlerkovarianzmatrix in definierbaren Grenzen gehalten wird [56, 110, 121]. Die Fehlerkovarianzmatrix bewertet die Filterqualität des Filters. Damit wird die Toleranz der Filtergüte festgelegt. Eine Reduktion oder ein Aussetzen der Parameteradaption in Phasen einer nichtausreichenden Anregung der Regelstrecke zur Identifikation der Adaptionsparameter (sog. Bedingung der kontinuierlichen Systemanregung [37, 90]) hat Potential zur Verbesserung der durch die integrierte Fahrdynamikregelung erreichbaren Regelgüte und –robustheit, wie beispielsweise bei verschwindender Lenkradanregung.

Zusammenfassend wird der Fokus der Stabilitäts- und Robustheitsbetrachtung des Fahrdynamikregelkonzepts dieser Arbeit auf eine methodische Erhöhung des Stabilitätsgebiets und der Robustheitseigenschaften der Zustands- und Parameterfilterung gelegt (vgl. Abschnitt 4.1). Diese Betrachtung ist sinnvoll, da das Zustands- und Parameterfilter als insbesondere kritisch für die Leistungsfähigkeit und Robustheit der integrierten Fahrdynamikregelung zu identifizieren ist. Im nachfolgenden Kapitel wird das in diesem Kapitel systematisch entwickelte, integrierte Fahrdynamikregelkonzept methodisch validiert.

5 Validierung der Fahrdynamikregelung

Innerhalb dieses Kapitels wird die in der vorliegenden Arbeit entwickelte integrierte Fahrdynamikregelung anhand ausgewählter Fahrmanöver im linearen und nichtlinearen Fahrdynamikbereich simulativ validiert. Die Manöver decken sowohl stationäre als auch instationäre Fahrsituationen mit nominellen und variierten Bedingungen der Regelstrecke ab. So werden sowohl die Fahrbahnverhältnisse, der Beladungszustand und die Filterinitialisierung verändert als auch Aktorausfälle betrachtet. Damit wird die Funktionalität der Fahrdynamikregelung in der Simulation über ein möglichst breites Situationsspektrum nachgewiesen. Unter der Validierung des Regelkonzepts ist neben dem Nachweis der Funktionalität der Fahrdynamikregelung auch eine Methodik zur Auswahl geeigneter Modulbausteine des Konzepts zu verstehen. Die Validierungssystematik ermöglicht eine einfache und effiziente Parametrierung der Regelkonzeptmodule, indem sie Validierungsebenen mit stufenweiser Komplexitätserhöhung der integrierten Fahrdynamikregelung betrachtet. Innerhalb der Validierungsebenen wird eine anschauliche Parametrierung der Konzeptmodule realisiert, da beispielsweise die isolierte Zustands- und Parameterfilterung oder die reine Fahrdynamiksteuerung ohne Berücksichtigung des Aktorenergiebedarfs betrachtet werden. Insgesamt wird mit der Validierungsmethode ein effizienter Auslegungsprozess der integrierten Fahrdynamikregelung vorgeschlagen, der im Fahrwerkentwicklungsprozess unerlässlich ist. Es wird zunächst die Validierungs- und Auslegungsmethode entwickelt, worauf eine Prinzipvalidierung anhand eines einfachen wankerweiterten linearen Einspurmodells als Regelstrecke das Regelkonzept absichert. Die Validierung des integrierten Fahrdynamikregelkonzepts anhand des komplexeren LEICHT-Fahrzeugs wird abschließend diskutiert.

5.1 Validierungs- und Auslegungsmethode

Die Validierungs- und Auslegungsmethode bedarf einer Definiton von Fahrmanövern und deren systematischer Bewertungsmethode, die nachfolgend beschrieben werden.

5.1.1   Fahrmanöver, Manöverkataloge und Manöverbewertung

Die zur Validierung der integrierten Fahrdynamikregelung betrachteten Manöver
setzen sich aus dem Lenkradwinkelsprung bzw. der stationären Kreisfahrt nach
ISO 4138 [55], dem quasistationären Sinuslenken mit konstanter Frequenz und
zeitlich linear ansteigender Frequenz (sog. Gleitsinus) nach DIN ISO 7401 [26],
dem instationären Sinuslenken mit Haltezeit nach NHTSA-200727662 [126]
und dem instationären Bremsen in der Kurve nach DIN ISO 7975 [25] zusammen. Die betrachteten Geschwindigkeiten umfassen 30, 50, 80, 100 und
120 km/h, um den für den Anwendungsfall des urbanen LEICHT-Fahrzeugs relevanten Geschwindigkeitsbereich abzudecken. Für die sinusförmigen Lenkradwinkelanregungen kommt der Frequenzbereich bis 2 Hz in Betracht, der für reale
Fahrsituationen relevant ist [44, 111, 133]. Die frequenzabhängige, objektive
Ergebnisbewertung erfolgt in Schritten von 0,5 Hz. Während das Lenkradwinkelsprungmanöver und die quasistationären Sinusmanöver unter Einhaltung einer
konstanten Längsgeschwindigkeit gefahren werden, handelt es sich bei den
beiden letzteren Manövern um kombinierte, längs- und querdynamische Fahrmanöver. Für alle Manöver dieser Arbeit beginnt die Lenkradanregung nach 1 s.

Die Fahrmanöver werden in der Validierungs- und Auslegungsmethode innerhalb zweier Manöverkataloge eingeordnet. Darunter befinden sich der sogenannte Nominalmanöverkatalog und der Robustheitsmanöverkatalog. Der Nominalmanöverkatalog umfasst alle oben aufgeführten Manöver bei den genannten
Geschwindigkeiten und Lenkradwinkelfrequenzen. Die Regelstrecke wird dabei
unter nominellen Bedingungen betrachtet. Demgegenüber beinhaltet der Robustheitsmanöverkatalog zur Validierung der Robustheit des Regelkonzepts lediglich
den Lenkradwinkelsprung und das Sinuslenkmanöver bei 0,25 Hz und jeweils
80 km/h bezüglich veränderter Regelstrecke und Filterinitialisierung. Die Veränderungen der Regelstrecke betreffen die Fahrbahnverhältnisse, den Beladungszustand und Aktorausfälle. Die Wahl der Manöverspezifikationen des Robustheitsmanöverkatalogs liegt in der validen, (quasi-)stationären Identifikationsgüte
der für diesen Manöverkatalog zusätzlich zu den adaptiven Reglerentwurfsmodellen betrachteten konstantparametrischen Modellen begründet. Konstantparametrische Reglerentwurfsmodelle vermögen Veränderungen der Regelstrecke nicht abzubilden. Eine Gegenüberstellung der Ergebnisse der Fahrdynamikregelung auf Basis adaptiver und konstantparametrischer Reglerentwurfsmodelle dient dazu, das Potential adaptiver Modelle zur Abbildung von Veränderungen der Regelstrecke aufzuzeigen. Die konstantparametrischen Reglerentwurfsmodelle stellen wankerweiterte lineare Einspurmodelle ohne (sog.

KWESM) und mit Modellierung des Rollsteuerns und der Achsseitenkraftaufbaudynamik dar (sog. *KEWESM*). Das *KWESM*-Modell entspricht dem in Gl. 4.1 beschriebenen Modell, jedoch mit ausschließlich konstanten Parametern. Das *KEWESM*-Modell wird in Krantz [69] beschrieben. Die Parameteridentifikation der Modelle erfolgt bezüglich der ebenen Einspurmodellparameter (vgl. Tabelle 7), des Wankhebelarms und der Wanksteifigkeit der wankerweiterten Einspurmodelle deterministisch auf Basis der stationären Kreisfahrt nach ISO 4138 [55]. Die in Tabelle 8 und Tabelle 9 hinterlegten, darüber hinaus benötigten Dynamikparameter der beiden konstantparametrischen Ersatzmodelle werden in einem optimierungsbasierten Identifikationsprozess ermittelt. Dieser zeichnet sich durch die Minimierung der quadratischen Fehler zwischen den linearen, zeitinvarianten Übertragungsfunktionen der Fahrzeugreaktionen des jeweiligen wankerweiterten Einspurmodells und des LEICHT-Fahrzeugs aus. Die betrachteten Fahrzeugreaktionen sind die Gierrate, der Hinterachsschwimmwinkel, die Querbeschleunigung und der Wankwinkel bei einer Geschwindigkeit von 80 km/h. Auf Basis dieser Geschwindigkeit ist der Robustheitsmanöverkatalog definiert. Die Übertragungsfunktionen der optimierungsbasiert identifizierten *KWESM*- und *KEWESM*-Reglerentwurfsmodelle sind in Abbildung 23 des Anhangs A2 und in Abbildung 25 des Anhangs A11 für eine Fahrgeschwindigkeit von 80 km/h für den linearen Fahrdynamikbereich dem passiven LEICHT-Fahrzeug gegenübergestellt. In Bezug auf die Güte der Identifikation der konstantparametrischen Reglerentwurfsmodelle fällt eine gute Abbildbarkeit des quasistationären Gier- und Schwimmverhaltens durch das *KEWESM*-Modell bis etwa 1,5 Hz Anregungsfrequenz auf. Das *KWESM*-Modell ist hingegen nicht zur Abbildung des passiven LEICHT-Fahrzeugs für Lenkradanregungsfrequenzen über 0,25 Hz hinaus geeignet. Die gegenüber dem *KWESM*-Modell zusätzlich modellierte Achsseitenkraftaufbaudynamik und das Rollsteuern des *KEWESM*-Modells spielen hinsichtlich des LEICHT-Fahrzeugs offenbar ab Lenkradanregungsfrequenzen von 0,25 Hz eine nicht zu vernachlässigende Rolle und müssen für die Fahrdynamikregelung mit konstanten Reglerentwurfsmodellen berücksichtigt werden.

In den Manövern des Robutheitsmanöverkatalogs wird eine sprunghafte Änderung des Fahrbahnreibbeiwertes vom nominellen Wert 1, auf einen Wert von 0,5 betrachtet, wie er beispielsweise im Reibkontakt zwischen Reifen und einer mit Neuschnee oder Hartschnee bedeckten Fahrbahn auftritt [36, 87]. Zudem wird die Regelstrecke mit einer zusätzlichen Kofferraumbeladung von 300 kg beaufschlagt. Diese entspricht einer Zuladung von 23,1 % der Fahrzeugmasse. Eine

auf die Hälfte der Nominalwerte reduzierte Initialisierung der Adaptionsparameter der adaptiven Filter überprüft die Fähigkeit dieser Filter, Fehlinitialisie-
rungen zu handhaben. Durch Manöver mit sprungartiger Deaktivierung der aktiven Überlagerungslenkung und der Radmomente der Vorderachse der Regelstrecke wird das Verhalten der integrierten Fahrdynamikregelung bei Aktorausfällen
und die Eignung des Regelkonzepts zur Darstellung unterschiedlich aktuierter
Fahrwerke untersucht. Damit wird das Potential der integrierten Fahrdynamikregelung im Umgang mit einer Variabilität der Regelstrecke und dessen Aktorik
validiert, das insbesondere für einen effizienten Fahrwerkentwicklungsprozess
relevant ist. Eine tabellarische Darstellung der durch die Wahl der Lenkradwinkelamplitude einzustellenden, stationären Querbeschleunigung bezüglich
beider Manöverkataloge ist in Tabelle 10 des Anhangs A12 wiedergegeben.

Die Validierung der integrierten Fahrdynamikregelung erfolgt auf Basis der
Bewertung der Einzelmanöver der vier Manöverkategorien aus Tabelle 1. Die
Bewertung fundiert auf quantitativen und qualitativen objektiven Kriterien.

Tabelle 1:   Quantitative Bewertungskriterien zur Validierung der integrierten Fahrdynamikregelung

Manöverkat.	Kriterienkat.	Quantitatives Kriterium
Lenkradwinkel-sprung (LWS)	stationär	Stationäre Verstärkung
	instationär	Max. Fahrzeugreaktion
	instationär	Verzögerungszeit bis max. Fahrzeugreaktion
Sinus- und Gleitsinuslenken (SL, GSL)	(quasi)stationär	Stationäre Amplitudenverstärkung je Frequenz
	(quasi)stationär	Stationäre Phasenverschiebung je Frequenz
Sinuslenken mit Haltezeit (SHZ)	instationär	Instationäre Amplitudenverstärkung durch Gegenlenken
	instationär	Instationäre Phasenverschiebung durch Gegenlenken
	instationär	Instationäre Fahrzeugreaktion nach Null-anregung
Bremsen in der Kurve (BK)	instationär	Max. Amplitudenfehler während Bremsvor-gang (kein relativer Fehler mehr zu bilden)
	instationär	Fahrzeugreaktion am Ende des Bremsvor-gangs

Hinsichtlich der quantitativen Bewertungskriterien kann in stationäre und instationäre Kriterien kategorisiert werden. Die Auswahl der quantitativen Kriterien orientiert sich an den Normen zu den Fahrmanövern [25, 26, 55, 126] und ist in der dritten Spalte in Tabelle 1 wiedergegeben, wobei die zweite Spalte der Tabelle das jeweilige Kriterium kategorisiert. Die Kriterien beziehen sich dabei stets auf die Fahrzeugreaktion in Form der Gierrate und des Schwimmwinkels. Die Dynamiken dieser beiden Größen der Regelstrecke werden durch die Fahrdynamikregelung der Referenzdynamik angepasst.

Exemplarisch wird für das Lenkradwinkelsprungmanöver zur Ermittlung des Fehlers in der stationären Verstärkung die stationäre Amplitudendifferenz ΔA_{st} benötigt, vgl. Abbildung 10. Die maximalen Fahrzeugreaktionen und die Verzögerungszeiten der Regelstrecke und des Referenzmodells sind durch die Größen A_{max}^{rst}, A_{max}^{ref} und T_{max}^{rst}, T_{max}^{ref} kenntlich gemacht.

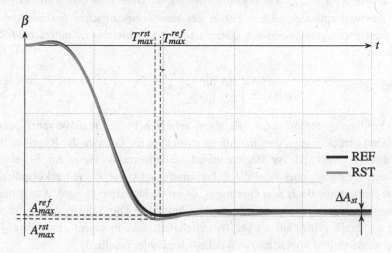

Abbildung 10: Charakteristische Amplituden und Zeitpunkte der Fahrzeugreaktionen des Referenzmodells (*REF*) und der Regelstrecke (*RST*) im Lenkradwinkelsprungmanöver

Da die Fahrdynamikregelung die Realisierung einer Referenzdynamik durch die Regelstrecke zum Ziel hat, wird die Güte der Steuerung bzw. Regelung durch Fehlerbildung der Kriterien der Regelstrecke und des Referenzmodells bewertet. In gleicher Weise wird die Güte der Schätzung der Fahrzeugreaktionen durch Fehlerbildung der manöverspezifischen Kriterien zwischen Schätzwert und Istwert quantifiziert. Zur Vergleichbarkeit der fehlerbasierten Kriterien zwischen verschiedenen Manövern und innerhalb gleicher Manöver unterschiedlicher Geschwindigkeiten, Frequenzen und Lenkanregungen wird stets der relative Fehler bezogen auf die Sollfahrzeugreaktion (aktive Fahrdynamikregelung) bzw. die Istfahrzeugreaktion (passive Fahrdynamikregelung) betrachtet. Die Einführung des Güteindex ζ dient der Bewertung der relativen, fehlerbasierten Kriterien und erfolgt durch lineare Abbildung der relativen Fehler e_{rel} in den Bereich der reellen Zahlen zwischen 0 und 10, nach

$$\zeta = \begin{cases} 10 - \dfrac{10}{e_{rel,max}}\, e_{rel} & \text{für } e_{rel} \leq e_{rel,max} \\ 0 & \text{für } e_{rel} > e_{rel,max}. \end{cases} \qquad \text{Gl. 5.1}$$

Gl. 5.1 bewertet einen geringen relativen Fehler e_{rel} mit einem hohen Güteindex, der den Wert zehn nicht überschreitet. Entspricht der relative Fehler dem maximal zulässigen $e_{rel,max}$ oder höher, so nimmt der Güteindex den Wert Null an. Der maximal zulässige relative Fehler der manöverspezifischen Kriterien wird für die Fahrzeugreaktionen des Gierens und des Schwimmens unterschiedlich definiert zu

$$e_{rel,max} = \begin{cases} 0{,}1 & \text{für } e_{rel,\dot{\psi}} \\ 0{,}2 & \text{für } e_{rel,\beta}. \end{cases} \qquad \text{Gl. 5.2}$$

Die Festlegung der maximal zulässigen relativen Fehler manöverspezifischer Kriterien berücksichtigt, dass die Information über die Gierrate der Regelstrecke als direkter Messwert zur Reglerentwurfsmodellkorrektur bzw. zur Regelung vorliegt. Demgegenüber wird die Schwimmdynamik der Regelstrecke indirekt modellbasiert auf Basis von Gierraten-, Querbeschleunigungs- und Wankratensensormesswerten rekonstruiert, vgl. Abschnitt 4.1. Die Schwimmwinkelregelung ist damit prinzipiell stärker fehlerbehaftet, was in einem gegenüber der Gierrate doppelt so hohen, maximal zulässigen Fehler resultiert.

Da die in Tabelle 1 definierten, quantitativen Kriterien die betrachteten Manöver lediglich punktuell beschreiben, dient ein manöverspezifischer, qualitativer Güteindex ζ^{qual} zur Bewertung der von den Kriterien nicht erfassten, ganzheitlichen Referenzdynamikfolge- bzw. Schätzrelativfehlern. Mit den qualitativen Güteindizes wird insbesondere die Übereinstimmung der Dynamik der Regelstrecke mit der Referenzdynamik bezüglich transienter Fahrzeugreaktionen bewertet. Die qualitativen Güteindizes werden aus Komplexitätsgründen manuell und nicht automatisiert bestimmt. Bezüglich des Sinuslenkens fließt in den qualitativen Güteindex des Sinuslenkmanövers gleichwertig die Betrachtung des

Gleitsinusmanövers ein, da dieses gegenüber dem konstantfrequenten Sinuslenken die Fahrzeugreaktion auf sich langsam ändernde Lenkradwinkelfrequenzeingaben abprüft.

Da die Validierungs- und Auslegungsmethode eine holistische Wiedergabe der Güte der integrierten Fahrdynamikregelung anstrebt, werden die einzelnen, manöverspezifischen stationären und instationären Güteindizes $\zeta_i^{st}(v,f)$, $\zeta_i^{inst}(v,f)$ über die betrachteten Geschwindigkeiten und Frequenzen hinweg zu jeweils manöverindividuellen stationären und instationären Güteindizes ζ^{st}, ζ^{inst} zusammengefasst. Analog dazu werden die qualitativen Güteindizes aller betrachteten Manöver einer Manöverkategorie $\zeta^{qual}(v,f)$ auf je einen Güteindex der gesamten Manöverkategorie ζ^{qual} abgebildet. Für den linearen und nichtlinearen Fahrdynamikbereich kann derart die Güte der Filterung bzw. Fahrdynamikbeeinflussung auf Grundlage der nominellen und veränderten Regelstrecke übersichtlich nach Manöverkategorien in Netzdiagrammen angegeben werden. Eine individuelle Gewichtung der Güteindizes spezieller quantitativer Kriterien, Geschwindigkeiten oder Frequenzen ist möglich, wird in dieser Arbeit allerdings nicht umgesetzt. Das Schema der gewichteten Abbildung einzelner, manöverindividueller Güteindizes auf solche der Manöverkategorien ist in Abbildung 11 dargestellt.

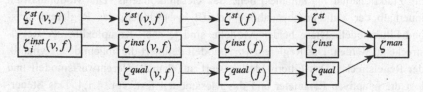

Abbildung 11: Bewertungsmethode der integrierten Fahrdynamikregelung anhand der Güteindizes ζ (v: Geschwindigkeit, f: Frequenz, Indizes *st*: stationär, *inst*: instationär, *qual*: qualitativ, *man*: Gesamtmanöver)

Auf Grundlage der Definition der Fahrmanöver und Manöverkataloge als auch deren Bewertung zur Validierung der integrierten Fahrdynamikregelung wird im folgenden Abschnitt die Systematik der Validierung und Auslegung der Fahrdynamikregelung diskutiert.

5.1.2   Systematik der Validierung und Auslegung

Die nachfolgend ausgeführte Validierungmethode der integrierten Fahrdynamikregelung soll sowohl die Funktionalität des Regelkonzepts anhand definierter
Manöverkataloge nachweisen und darüber hinaus eine Methode aufzeigen, um
geeignete Konzeptmodulbausteine auszuwählen als auch eine effiziente und
anschauliche parametrische Auslegung zu realisieren. Die Strukturierung der
integrierten Fahrdynamikregelung in funktionsseparierte Module erlaubt eine
Validierung der Teilfunktionen und schließlich der Gesamtfunktion des Regelkonzepts. Hierzu wird die Zustands- und Parameterfilterung zunächst isoliert
betrachtet, worauf die Komplexität des Regelkonzeptes durch Validierung der
Horizontaldynamiksteuerung, der kombinierten Vorsteuerung und Regelung und
schließlich der energieoptimalen Steuerung stufenweise erhöht wird. Dadurch
wird eine, in ihrer Komplexität bewältigbare, Validierung der Filter-, Steuer- und
Regelgüte als auch des im aktiven Fall zusätzlichen Zielkonflikts zum Aktorenergiebedarf auf Basis der definierten Güteindizes und Manöverkataloge
ermöglicht. Innerhalb der einzelnen Validierungsstufen erfolgt die parametrische
Auslegung der Modulbausteine, wodurch eine komplexitätsreduzierte und funktionsorientierte Reglerparametrierung erreicht wird. Eine iterative Überprüfung
der Modulparametrierung auf den jeweils höheren Validierungsstufen validiert
die Funktionalität bis auf die Ebene des Gesamtkonzepts. Die Modulauswahl
innerhalb der Validierungsmethode betrifft insbesondere das Reglerentwurfs-
und Filtermodell. Diese beiden Modelle sind je nach Komplexität der Regelstrecke zu wählen. Das Reglerentwurfsmodell definiert die abgebildete Dynamik
der Regelstrecke. Das Filtermodell basiert auf dem Reglerentwurfsmodell und
legt die adaptiven Parameter und das Messmodell fest, vgl. 4.1.4. Das Steuer-
und Regelgesetz leitet sich algebraisch direkt aus dem Reglerentwurfsmodell ab
und muss im Allgemeinen nicht spezifisch in Abhängigkeit der Regelstrecke
ausgewählt werden. Das nachgeschaltete Modul der modellprädiktiven Stellgrößenallokation bedarf bei Aktuierung einer beliebigen Regelstrecke mit einer
Teilmenge der Vollaktuierung lediglich einer Parametrierung der Aktorlimitierungen, der Aktor- und Reifenkraftdynamik, der Aktorwirkungsgrad- und Lenkkinematikkennfelder als auch der systematischen Festlegung der Prädiktions-
größen, vgl. Abschnitt 4.3.2.

In Tabelle 2 ist die Validierungsmethode der integrierten Fahrdynamikregelung
in objektive Validierungsebenen gegliedert dargestellt. Die erste Spalte der Tabelle legt die Validierungsebene fest. Durch die zweite Spalte werden die aktiven
Module des Regelkonzepts definiert, das heißt die Regelkonzeptkonfiguration

ausgewählt. In diesem Sinne wird auf erster Ebene von einer passiven Fahrdynamikregelung und lediglich aktivem Zustands- und Parameterfilter ausgegangen. Die Bewertung der Filterung erfolgt auf Basis der Güte der Schwimmwinkelschätzung, da diese das Reglerentwurfsmodell validiert. Betrachtet wird der Nominal- und Robustheitsmanöverkatalog. Auszulegen sind die Kovarianzen der Filterprozessmodellzustände. Die Messkovarianzen sind durch das jeweilige Sensorrauschen messtechnisch vorgegeben [39]. Positiv bewertete Filter werden vorausgewählt und auf den weiteren Validierungsebenen weiter überprüft.

Auf der zweiten Validierungsstufe wird die Steuergüte auf Grundlage des jeweiligen Filters und adaptiven Steuergesetzes bei aktiver modellprädiktiver Stellgrößenallokation mit verschwindender Gewichtung der Energiekriterien bezüglich des Nominal- und Robustheitsmanöverkatalogs betrachtet. Dies erfordert die Festlegung der Primärzielgewichte in der Q_{MPSA}-Matrix, der Prädiktionsparameter und der Beschränkungen der modellprädiktiven Stellgrößenallokation, vgl. Abschnitt 4.3.2. Eine Überprüfung und eventuelle Anpassung der Filterdynamik der auf erster Ebene ausgelegten Filter hinsichtlich der Fahrdynamiksteuerung sichert die adaptive Steuergüte ab. Es resultieren weiter priorisierte Filter, das Steuergesetz und bei alternativen Modulen der modellprädiktiven Stellgrößenallokation eine Vorauswahl dieser Module.

Auf dritter Ebene wird die kombinierte adaptive Vorsteuerung und Regelung der Fahrdynamik unter Vernachlässigung energetischer Kriterien innerhalb der aktiven modellprädiktiven Stellgrößenallokation fokussiert. Neben der iterativen Überprüfung und Abstimmung der Auslegungsparameter des Filters und der modellprädiktiven Stellgrößenallokation werden die Reglerverstärkungen, Regeltotzonen und reziproken Steigungen der Saturierungsfunktionen definiert, vgl. 4.2.3. Das Resultat ist das finale Zustands- und Parameterfilter und das Regelgesetz. Die modellprädiktive Stellgrößenallokation wird konkretisiert.

Auf der vierten objektiven Validierungsstufe wird der Zielkonflikt zwischen Steuergüte und Aktorenergiebedarf auf Grundlage der modellprädiktiven Stellgrößenallokation aufgelöst. Neben den bisher betrachteten Auslegungsparametern werden die Gewichtungsfaktoren der primären und sekundären Ziele innerhalb der modellprädiktiven Stellgrößenallokation betrachtet. Schließlich erhält man die finale und final parametrierte modellprädiktive Stellgrößenallokation.

Die den Validierungsebenen zugrundeliegenden Manöver entsprechen grundsätzlich dem Nominal- und Robustheitsmanöverkatalog. Zur Reduktion des Vali-
dierungsaufwands wird der Manöverumfang auf der dritten und vierten Validierungsstufe auf die Betrachtung des Gleit-/ Sinuslenkens (GSL, SL) und das Ausweichmanöver (SHZ) begrenzt. Für jede Validierungsebene sind der lineare und
nichtlineare Fahrdynamikbereich bei nomineller und veränderter Regelstrecke
oder Filterinitialisierung zu betrachten.

Tabelle 2:   Validierungsmethode   der   integrierten   Fahrdynamikregelung
                 (FDR)

Valid.- Ebene	Regelkonz.- konfig.	Manöver	Bewertung	Auslegungs- parameter	Modul- auswahl
1	Passive FDR, aktives Zustands- und Parameterfilter	Nominal- und Robustheits- manöver- katalog	Schwimm- winkel- schätzung	Kovarianzen Filterprozess- modell- zustände	geeignete Filter
2	Aktiv gesteuerte FDR ohne Energie- betrachtung	Nominal- und Robustheits- manöver- katalog	Steuergüte	o.g.; Q-Gewichte, Prädiktions- größen, Beschrän- kungen in MPSA	geeignete Filter, Steuer- gesetz, geeignete MPSA
3	Aktiv vorgesteuerte und geregelte FDR ohne Energie- betrachtung	lin. SL/ GSL, nichtlin. SHZ mit zusätzl. Kofferraum- beladung	Vorsteuer- und Regelgüte	o.g.; Parameter Sliding Mode- Regler	finales Filter, Regel- gesetz, geeignete MPSA
4	Aktiv gesteuerte FDR mit Energie- betrachtung	lin. GSL	Vorsteuer- güte vs. Energie- aufwand	o.g.; R-Gewichte in MPSA	finale MPSA

Prinzipiell sind in Tabelle 2 zur zusätzlichen Reduktion der Validierungs- und
Auslegungskomplexität und Ausweitung der Validierungsgültigkeit weitere
Validierungsebenen ergänzbar. Nach der ersten Stufe kann zur Isolation der Ein-

flüsse der modellprädiktiven Stellgrößenallokation bei der adaptiven Steuerung der Fahrdynamik der Regelstrecke ein direktes Aufschalten der virtuellen Stellgrößen auf die Regelstrecke in der Simulation erfolgen. Eine Betrachtung der kombinierten Vorsteuer- und Regelgüte im Zielkonflikt mit dem dafür notwendigen und in der modellprädiktiven Stellgrößenallokation beschränkbaren Aktorikenergiebedarf mag sich an die vierte objektive Validierungsebene anschließen. Darüber hinaus erlaubt eine Bewertung und iterative Parametrierung der Regelkonzeptmodule im Fahrsimulator eine auf Subjektivurteilen basierende Validierung. In letzter Instanz ist das Fahrdynamikregelkonzept im realen Fahrversuch zu überprüfen.

Zusammenfassend zeigt die vorgestellte Validierungsmethode einen systematischen Auslegungs- und Modulauswahlprozess der integrierten Fahrdynamikregelung auf. Durch die Nutzung von adaptiven Reglern müssen nur wenige Masse-, Geometrie- und Dynamikparameter der Reglerentwurfsmodelle, als auch Aktorlimitierungen, Aktordynamik und Aktorwirkungsgrad- bzw Lenkkinematikkennfelder der Regelstrecke bekannt sein. Dies garantiert die effiziente Anwendbarkeit des Regelkonzepts auf beliebige Regelstrecken. Somit wird eine einfache Gegenüberstellung unterschiedlicher Fahrwerkkonzepte in den frühen Phasen der Fahrwerkentwicklung ermöglicht. Die im Folgenden validierte Leistungsfähigkeit des Regelkonzepts erlaubt daher eine durchgängige Anwendbarkeit der integrierten Fahrdynamikregelung dieser Arbeit im Fahrwerkentwicklungsprozess. Eine systematische Vorgehensweise der Auslegung ist zudem bei einer Erweiterung des Regelkonzepts um zusätzliche Aktorik erforderlich. Da die Abstimmung von Filter, Steuer- und Regelgesetz und modellprädiktiver Stellgrößenallokation die Güte der Fahrdynamikregelung bestimmt, sichert ein iteratives Durchlaufen der Validierungsmethode eine effektive Auslegung und Modulauswahl der integrierten Fahrdynamikregelung. Die Abstimmung als auch gegenseitige Abhängigkeiten der Konzeptmodule werden in den folgenden beiden Abschnitten im Rahmen der Validierung des integrierten Fahrdynamikregelkonzepts anhand eines wankerweiterten Einspurmodells und des LEICHT-Fahrzeugs detailliert betrachtet.

5.2 Prinzipvalidierung anhand wankerweitertem Einspurmodell

Innerhalb dieses Abschnitts wird die Funktionalität des integrierten Fahrdynamikregelkonzepts anhand einer als wankerweitertes lineares Einspurmodell
modellierten Regelstrecke (vgl. Gl. 4.1) aufgezeigt, um Prinzipeffekte und
Wechselwirkungen der Konzeptmodule darzustellen. In diesem Sinne wird auf
eine Verschiedenheit der Modellkomplexität der Module verzichtet und stets das
wankerweiterte lineare Einspurmodell in Referenz-, Filter- und Streckenmodul
und im Steuer- und Regelgesetz verwendet. Auf diese Weise sind Regelfehler
nicht auf unmodellierte Dynamik im Reglerentwurfsmodell zurückzuführen und
müssen differenziert davon begründet werden. Konkret besteht das Regelziel
dieser Validierung darin, die Referenzgier- und -schwimmdynamik mit einer
starren, aktiven Vorderachsüberlagerungslenkung und einer aktiven Hinterachslenkung durch die Regelstrecke umzusetzen. Die Aktordynamik ist jeweils als
PT1-Glied modelliert und in der modellprädiktiven Stellgrößenallokation hinterlegt. In der Zielfunktion wird ausschließlich der Primärzielsummand gewichtet.

Zur Prinzipvalidierung der integrierten Fahrdynamikregelung werden sowohl
konstantparametrische als auch adaptive Reglerentwurfsmodelle betrachtet.
Neben einem konstantparametrischen wankerweiterten linearen Einspurmodell
mit den nominellen Achssteifigkeiten der Regelstrecke (*KWESM-NOM*) werden
drei adaptive Reglerentwurfsmodelle gegenübergestellt. Darunter ist einerseits
ein wankerweitertes Einspurmodell mit adaptiven Achssteifigkeiten und konstantem Wankhebelarm (*AWESM*). Die weiteren Reglerentwurfsmodelle adaptie-
ren neben den Achssteifigkeiten den Wankhebelarm (*AWESM-WH*) und werden
zusätzlich durch verrauschte Messignale der Seitenkräfte korrigiert (*AWESM-
WH-FY*). Letzteres Reglerentwurfsmodell wird in Abschnitt 4.1.4 detailliert beschrieben. Untersucht wird das Lenkradwinkelsprungmanöver bei 80 km/h nach
1 s. Nach 3 s erfolgt eine rampenförmige Reduktion der Achssteifigkeiten der
Regelstrecke auf 50 % ihres Initialwertes. Dies ist einer Halbierung des Reibbei-
wertes zwischen Reifen und Fahrbahn gleichzusetzen. Alle Reglerentwurfsmodelle werden mit einem auf die Hälfte des tatsächlichen Wertes angesetzten
Modellwankhebelarm initialisiert. Vergleichend wird in Abbildung 12 die Umsetzung der Schwimmdynamik des Referenzfahrzeugs durch die lineare Regelstrecke für die verschiedenen Reglerentwurfsmodelle betrachtet.

Anhand Abbildung 12a) wird deutlich, dass die Referenzschwimmdynamik (und die nicht dargestellte Referenzgierdynamik) mit dem Reglerentwurfsmodell mit nominellen Achssteifigkeiten insbesondere nach dem Achssteifigkeitssprung ab 3 s aufgrund Reglerentwurfsmodellfehler nicht getroffen wird. Im Einschwing-vorgang des Lenkradwinkelsprungs schlägt sich der falsch parametrierte Wank-hebelarm bei nominell angesetzten Achssteifigkeiten in einer Dynamikabwei-chung des Schwimmwinkels nieder, vgl. Abbildung 12a). Im stationären Bereich nomineller Achssteifigkeiten wirkt sich der inkorrekte Wankhebelarm durch die verschwindende Wankrate nicht aus, vgl. Gl. 4.1. Demgegenüber kann durch wankhebelarmadaptierende Reglerentwurfsmodelle im dynamischen Manöver-bereich bis 3 s eine hinreichend gute Steuergüte der Horizontaldynamik erzielt werden. In Abbildung 12a) ersichtliche Dynamikunterschiede sind durch die unterschiedliche Anzahl an Adaptionsparametern und Messgleichungen der Fil-ter begründbar. Hinsichtlich des lediglich Achssteifigkeiten adaptierenden *AWESM*-Filtermodells wirkt sich die falsche Konstantparametrierung des Wank-hebelarms in stark schwankenden adaptiven Achssteifigkeiten mit hohen Ände-rungsraten während des Einschwingvorgangs aus, vgl. Abbildung 12b). Dadurch kompensiert das Filter die gekoppelten Einflüsse der falsch parametrierten Wankdynamik auf die Horizontaldynamik. Das zusätzlich den Wankhebelarm adaptierende Filter *AWESM-WH* weist demgegenüber in der Einschwingphase auf die Lenkradwinkelanregung geringere Abweichungen zu den realen Achs-steifigkeiten auf. Eine stationäre Konvergenz auf den realen Wankhebelarm (nicht dargestellt) wird erreicht. Durch die zusätzliche Aufnahme der verrausch-ten Seitenkräfte in die Messgleichung des wankhebelarmadaptierenden Regler-entwurfsmodells *AWESM-WH-FY* wird keine Verbesserung der Steuergüte er-zielt. Die Adaption der hinteren Achssteifigkeit zeichnet sich im Einschwingvor-gang gegenüber der wankhebelarmadaptierenden Filtervariante ohne Seitenkraft-korrektur durch höhere Änderungsraten und Schwankungen aus, vgl. Abbildung 12b). Die durch die beiden zusätzlichen Messgleichungen der Seitenkräfte einge-brachte Stochastik führt offenbar zu einer Verschlechterung der Filter- und Steuergüte und wird daher bezüglich der Validierung des Regelkonzepts anhand des LEICHT-Fahrzeugs nicht weiter betrachtet.

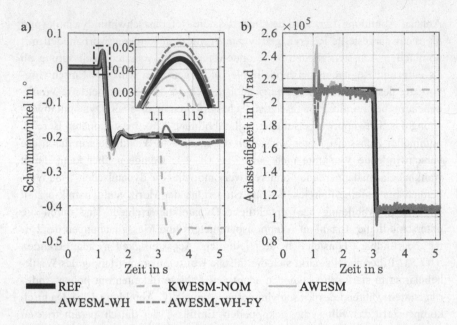

Abbildung 12: Schwimmwinkel des gesteuerten, wankerweiterten lin. Einspurmodells (a)); Hinterachssteifigkeiten der Reglerentwurfsmodelle
(b)); Lenkradwinkelsprung nach 1 s, 80 km/h, $a_y = 2 \, m/s^2$; Halbierung d. Achssteifigkeiten d. Regelstrecke ab 3 s (*K:* Konstantparametrisch, *A:* Adaptiv, *WESM*: Wankerweitertes lineares Einspurmodell, *WH*: Wankhebelarmadaption, *FY*: Reifenseitenkraft-
korrektur)

Deutlich wird in Bezug auf die adaptiven Modelle, dass die Einstellung der Referenzdynamik nach dem Achssteifigkeitssprung Zeit benötigt, da die Schätzung
der Achssteifigkeiten durch die Messwertkorrektur einen Zeitversatz zu den tatsächlichen Steifigkeiten aufweist. Im Fall der Gierdynamikmodellfolge kann das
adaptive Filter stationär genau steuern (nicht dargestellt). Hinsichtlich des
Schwimmwinkels bleibt eine stationäre Abweichung bestehen. Durch die fehlende Systemanregung unterbleibt eine Korrektur des Stationärwerts. Gemäß des
regelungstechnischen Prinzips der Beständigkeit der kontinuierlichen Systemanregung (im Engl. Persistence of Excitation) erfolgt eine Adaption der wahren
Parameter der Regelstrecke im Reglerentwurfsmodell lediglich bei hinreichender
Systemanregung [70, 90]. Die stationäre Abweichung des Schwimmwinkels ist
daher durch nichtexakt adaptierte Achssteifigkeiten begründbar, vgl. Abbildung

12b). Im praktischen Anwendungsfall werden stationäre Abweichungen durch den Fahrer korrigiert [95].

Zusammenfassend stellt die Wankhebelarmadaption ein mathematisches Werkzeug dar, um die adaptiven Achssteifigkeiten von den Einflüssen fehlparametrierter oder unmodellierter Wankdynamik zu befreien. Eine Filtermodellkorrektur durch Seitenkraftmessung bewährt sich nicht. Sie soll daher hinsichtlich der folgenden Validierung am Beispiel des LEICHT-Fahrzeugs nicht weiter berücksichtigt werden, zumal die Achsseitenkräfte in der Praxis aufwendig zu filtern sind und die Komplexität der integrierten Fahrdynamikregelung erhöhen. Die Vorteile der Zustands- und Parameterfilterung zur Erfüllung der Modellfolge bei veränderlicher Regelstrecke werden exemplarisch aufgezeigt und erklärt. Die Eignung der modellprädiktiven Stellgrößenallokation zur Kompensation der Aktordynamik der Regelstrecke wird deutlich. Die Funktionsaufteilung in ein die Solldynamik definierendes Referenzmodell, ein Steuer- und Regelgesetz und eine Stellgrößenverteilung wird ebenfalls validiert.

5.3 Validierung anhand des LEICHT-Fahrzeugs

In diesem Abschnitt wird die in Abschnitt 5.1 entwickelte Methode zur Validierung des integrierten Fahrdynamikregelkonzepts anhand des LEICHT-Fahrzeugs genutzt, um die Funktionalität der Fahrdynamikregelung mit komplexen Regelstrecken unter Beweis zu stellen. Auf den einzelnen Validierungsebenen werden sowohl manöverübergreifende Bewertungsübersichten als auch manöverindividuelle Resultate diskutiert. Es werden je Validierungsebene die zur Darstellung der Charakteristika der Fahrdynamikregelung relevanten Fahrdynamikbereiche, Regelstrecken- und Filterinitialbedingungen herangezogen.

Der Fokus der Validierung liegt auf der Gegenüberstellung der durch verschiedene Reglerentwurfsmodelle realisierbaren Filter- und Referenzmodellfolgegüten. Die betrachteten Entwurfsmodelle sind in Tabelle 3 hinsichtlich ihrer Modellzustände, Adaptionsparameter und Messgrößen zur filterbasierten Korrektur definiert. Darunter finden sich adaptive (Prefix A) als auch konstantparametrische (Prefix K) Modelle. Reifenseitenkraftkorrigierende Reglerentwurfsmodelle werden für die Validierung anhand des LEICHT-Fahrzeugs nicht weiter berücksichtigt. Mit diesen Modellen geht eine geringere Steuer- und Regelgüte bei gleichzeitigem Mehraufwand durch die Bestimmung der Achsseitenkräfte einher, vgl. Abschnitt 5.2.

Tabelle 3:   Reglerentwurfsmodelle zur Validierung der Fahrdynamikregelung anhand des LEICHT-Fahrzeugs

Bezeichnung	Zustand	Adaptionsparameter	Messmodell
AESM	ψ, β	$\hat{c}_v, \hat{c}_h$	ψ, a_y
AWESM	$\psi, \beta, \dot{\varphi}, \varphi$	$\hat{c}_v, \hat{c}_h$	$\psi, \dot{\varphi}, a_y$
AWESM-WH	$\psi, \beta, \dot{\varphi}, \varphi$	$\hat{c}_v, \hat{c}_h, \hat{z}_w$	$\psi, \dot{\varphi}, a_y$
KWESM	$\psi, \beta, \dot{\varphi}, \varphi$	-	-
KEWESM	$\psi, \beta, \dot{\varphi}, \varphi, F_{y,v}, F_{y,h}$	-	-

Für die Validierung der Fahrdynamikregelung wird davon ausgegangen, dass die
Auslegung der Module bereits durch ein iteratives Durchlaufen der Validierungsmethode aus 5.1.2 erfolgt ist. Dies ermöglicht die Fokussierung auf die holistische Validierung bei alternativen Reglerentwurfsmodellen, deren minimal hinreichende Komplexität von der Regelstrecke definiert wird. Insbesondere thematisiert die Validierung die Wechselwirkungen der Konzeptmodule über die
Schnittstellengrößen als auch deren methodische Abstimmung. Die Gliederung
der Validierung in Unterabschnitte erfolgt analog zur Validierungsmethode aus
Abschnitt 5.1.2 im Großen anhand der Validierungsebenen und spezifisch auf
Basis des Manöverkatalogs und des Fahrdynamikbereichs.

5.3.1   Filtergüte

Die Gesamtübersicht der durch die Bewertungsmethode bestimmten Schwimm-
winkelschätzgüten im fahrdynamischen Grenzbereich für den Nominalmanöverkatalog ist in Abbildung 13 wiedergegeben. Die Filtergüte des Schwimmwinkels
bewertet die Abbildegüte der Horizontaldynamik der Regelstrecke durch die
Reglerentwurfsmodelle, da der Schwimmwinkel eine zu rekonstruierende Systemgröße darstellt. Es werden die Filtermodelle *AESM*, *AWESM*, *AWESM-WH*
betrachtet, die auf dem ebenen oder, in den beiden letztgenannten Fällen, dem
wankerweiterten linearen Einspurmodell ohne und mit Wankhebelarmadaption
fundieren.

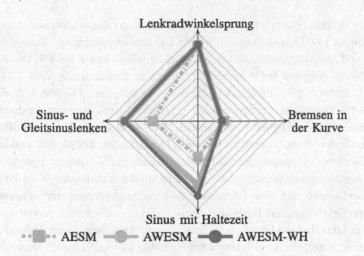

Abbildung 13: Güteindizes der Schwimmwinkelfilterung des LEICHT-Fahrzeugs für den Nominalmanöverkatalog im nichtlin. Fahrdynamikbereich (*AESM*: Ebenes lineares Einspurmodell)

Aus Abbildung 13 lässt sich folgern, dass das adaptive, ebene lineare Einspurmodell (*AESM*) in den Manövern mit sinusförmiger Lenkanregung klare Nachteile gegenüber den wankerweiterten Einspurmodellen aufweist. Diese Nachteile lassen sich durch die fehlende, explizite Modellierung der Wankdynamik begründen. Im Manöver des Lenkradwinkelsprungs und beim Bremsen in der Kurve sind die Unterschiede in den Filtergüten bezüglich der Reglerentwurfsmodelle vernachlässigbar. Die Lenkradanregung im Manöver des Lenkradwinkelsprungs ist offenbar unzureichend, um klare Vorteile durch die explizite Abbildung der Wankdynamik bzw. der zusätzlichen Adaption des Wankhebelarms auszuweisen. Für das Bremsen in der Kurve ist für alle Reglerentwurfsmodelle maximal ein Güteindex von 3 zu attestieren. Der Einfluss der durch die Modelle nicht abgebildeten Längs- und Nickdynamik ist hierfür potentiell relevant und äußert sich in hochdynamischen Parameteradaptionen mit großen Schwankungsamplituden. Diese sind charakteristisch für unmodellierte Dynamik, die durch starke Parameteradaptionen im gegebenen Filtermodellgerüst durch das Kalman Filter optimal abgebildet werden, vgl. Abbildung 14b). Da das ebene Einspurmodell und die wankerweiterten Modelle dieselben Filtergüten aufweisen ist der in den wankwerweiterten Filtermodellen hinterlegte Wankdynamikeinfluss auf die Horizontaldynamik hinsichtlich des Bremsens in der Kurve offensichtlich von untergeordneter Bedeutung.

Das den Wankhebelarm adaptierende Filter auf Basis des wankerweiterten Einspurmodells (*AWESM-WH*) erzielt in den Lenkradwinkelsprung-, Sinus-, Gleit-
sinus- und Sinus mit Haltezeit-Manövern Güteindizes von 8 bis 8,7. Die Filtergüten liegen aufgrund der Wankhebelarmadaption über dem adaptiven *AWESM*-
Modell, das ausschließlich die Achssteifigkeiten adaptiert. Die Wankhebelarmadaption wird somit als mathematisches Werkzeug identifiziert, um die durch die
adaptierten Achssteifigkeiten dominierte Horizontaldynamik von Einflüssen
unmodellierter Wankdynamik zu befreien. Die Adaption des Modellwankhebelarms dient zur Anpassung der durch das lineare mathematische Filtermodellgerüst beschriebenen Wankdynamik an die mögliche, nichtlineare Wankdynamik
der Regelstrecke und eine fahrzustandsabhängige Änderung der Wankachse.
Analoge Ergebnisse auf Basis derselben Gesetzesmäßigkeiten zeigen sich in
Bezug auf den linearen Fahrdynamikbereich, vgl. Abbildung 26 im Anhang A13.
Für den nichtlinearen Bereich sind demgegenüber geringere, manöverspezifische
Güteindizes anzutreffen, da durch Parameteradaption eine Anpassung der linearen Reglerentwurfsmodelle an das nichtlineare Verhalten der Regelstrecke zu
erfolgen hat. Eine Validität der adaptiven, wankerweiterten Modelle zu Abbildung der Horizontaldynamik der Regelstrecke in reinen Querdynamikmanö-
vern ist zusammenfassend abzuleiten.

Zur exemplarischen Darstellung der Filtermodellgüten im nichtlinearen fahrdynamischen Bereich dient das Fahrmanöver des Sinuslenkens bei einer Lenkrad-
winkelfrequenz von 1,0 Hz und einer Geschwindigkeit von 50 km/h, siehe
Abbildung 14. Die Lenkradwinkelamplitude führt bei nominellen Kraftschluss-
bedingungen zu einer stationären Querbeschleunigung von 8 m/s². In Abbildung
14a) ist der Verlauf der gefilterten Schwimmwinkelgrößen, dem Schwimmwinkel der Regelstrecke (*LEICHT-P*) gegenübergestellt. Im dynamischen Einschwingbereich ab der Lenkradwinkelanregung bei 1 s bis zu etwa 2 s ist einerseits ein deutlicher Vorteil der wankerweiterten Einspurmodelle in der Modellierung der Schwimmdynamik der Regelstrecke gegenüber dem ebenen Filtermodell zu beobachten. Andererseits bildet das wankhebelarmadaptierende Filter
AWESM-WH den Fahrzeugschwimmwinkel durch die dynamische Adaption des
Modellwankhebelarms besser ab, als das wankerweiterte Reglerentwurfsmodell
ohne Wankhebelarmadaption (*AWESM*). Die im Einschwingbereich des Manövers deutlich beobachteten Tendenzen bleiben in abgeschwächter Form im quasistationären Bereich erhalten.

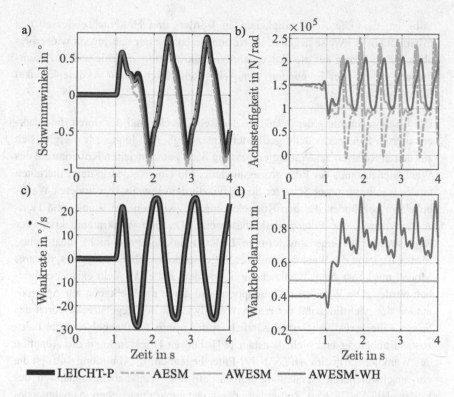

Abbildung 14: Schwimmwinkel und Wankraten des passiven LEICHT-Fahrzeugs (a), c)); Hinterachssteifigkeiten und Wankhebelarme d. Reglerentwurfsmodelle (b), d)); Sinuslenken, 1 Hz, 50 km/h, $a_y^{st} = 8\,\text{m}/\text{s}^2$

Die Abbildung 14b) gibt Aufschluss, warum sich die Filtergüten unterscheiden. Da die Schwankungen der adaptierten Achssteifigkeiten und deren Adaptionsraten mit steigender Modell- und Adaptionskomplexität abnehmen, wird eine verbesserte Modellierungsgüte der Horizontaldynamik erreicht. Diese verbesserte Modellierungsgüte ist anhand der Filtergüte des Schwimmwinkels in Abbildung 14a) zu erkennen. In diesem Sinne werden in der Regelstrecke vorhandene Kopplungen der Horizontal- und Wankdynamik hinsichtlich des wankerweiterten Einspurmodells nicht alleine in den adaptierten Achssteifigkeiten abgebildet, sondern explizit modelliert. Die Achssteifigkeiten der Regelstrecke ändern sich im quasistationären Abschnitt des Sinuslenkens theoretisch nur in sehr geringem Maße, bedingt durch die Radlastdegression [44, 87]. Auffällig ist, dass die Achssteifigkeiten an Vorder- und Hinterachse des ebenen Filtermodells zeitweise negative Werte annehmen, die der Fahrphysik widersprechen und in Bezug auf die aktive Fahrdynamikregelung zu fehlerhaften Zusammenhängen bei der Erzeugung von Achsseitenkräften durch Aktivlenkwinkel führen würden.

Die Übereinstimmung der Wankrate der Regelstrecke und der durch die wankerweiterten Schätzermodelle gefilterten Raten (vgl. Abbildung 14c)) ergibt sich aus den in Relation zur Wankratenmessung hoch parametrierten Kovarianzen des Wankratenzustands der Filterprozessmodelle. Ein Unterschied in den Filtergüten beider wankerweiterter Schätzer liegt daher in dem jeweils verwendeten Wankhebelarm begründet, der den Koppelparameter zwischen der Wank- und Horizontaldynamik der Filtermodelle beschreibt. Da die Wankratenreaktion der Regelstrecke auf eine sinusförmige Lenkradwinkeleingabe nicht ideal sinusförmig ist, kann die Wankdynamik der Regelstrecke durch ein adaptives, lineares Modell mit konstantem Wankhebelarm, wie dem *AWESM*, nicht exakt beschrieben werden. Die Wankhebelarmadaption wird damit als Werkzeug zur Approximation der Nichtlinearität der realen Wankdynamik der Regelstrecke durch das lineare Filtergerüst validiert. Zusätzlich ist der wahre Wankhebelarm vom Fahrzustand abhängig und nicht konstant [83]. Diesen Effekten kann die Adaption des Wankhebelarms im *AWESM-WH*-Filter begegnen. In Abbildung 14d) ist die zur anschaulicheren Darstellung tiefpassgefilterte Wankhebelarmadaption des Filters *AWESM-WH* im Zeitverlauf der konstantparametrischen Annahme des *AWESM*-Filters gegenübergestellt.

Im Anhang A13 sind in den Abbildungen 31 und 32 die Bewertungsergebnisse der Filtergüten auf Basis des Robustheitsmanöverkataloges bei passiver Fahrdynamikregelung für den linearen und nichtlinearen Fahrdynamikbereich wiedergegeben. Die konstantparametrischen Reglerentwurfsmodelle weisen bedingt durch ihre Identifikation mit dem passiven LEICHT-Fahrzeug unter Nominalbedingungen nur in Manövern mit abweichender Filterinitialisierung der adaptiven Filter akzeptable Schätzgüten auf, da diesbezüglich nominelle Bedingungen der Regelstrecke vorliegen. Die Filtergüte der konstantparametrischen Reglerentwurfsmodelle hängt bei nominellen Bedingungen der Regelstrecke davon ab, für welche Manöver die Parameteridentifikation Gültigkeit hat. In Fahrmanövern mit sich änderndem Fahrbahnreibbeiwert oder einer Zusatzkofferraumbeladung des LEICHT-Fahrzeugs von 300 kg zeichnen sich lediglich die adaptiven Filtermodelle durch eine sinnvolle Schwimmwinkelschätzung aus. Mit der Reibbeiwerthalbierung geht bei physikalisch realisierbarer Querbeschleunigung eine Änderung der effektiven Achssteifigkeiten der Regelstrecke einher [96]. Das Produkt aus Fahrbahnreibbeiwert und Achssteifigkeit soll als effektive Achssteifigkeit bezeichnet werden. Die Achssteifigkeiten der Einspurmodelle entsprechen effektiven Achssteifigkeiten. Die adaptiven Achssteifigkeiten reduzieren sich in Manövern mit Reibbeiwerthalbierung physikalisch sinnvoll auf durchschnittlich etwa die Hälfte ihrer adaptierten Stationärwerte unter nominellen Fahrbahnbedingungen.

Zusammen mit den im Anhang A13 wiedergegebenen Ergebnissen hinsichtlich des Nominal- und Robustheitsmanöverkatalogs wird allgemein die Vorteilhaftigkeit adaptiver Reglerentwurfsmodelle zur Abbildung der Fahrphysik als Grundlage einer modellbasierten Regelung deutlich. Eine Adaption des Wankhebelarms bringt insbesondere in instationären Fahrsituationen Vorteile. Diese sind durch die bessere Abbildung der Wankdynamik der Regelstrecke durch das Reglerentwurfsmodell zu begründen. Dadurch enthält die gefilterte Horizontaldynamik weniger Einflüsse unmodellierte Wankdynamik, die sich in geringeren Adaptionsraten der Achssteifigkeiten und einer gesteigerten Schwimmwinkelfiltergüte äußern. Die Filtergüte stationärer Zustände wird bedingt durch die fehlende Systemanregung durch die zeitlich vorangehenden transienten Phasen definiert. Der Abbildegüte transienter Fahrzeugreaktionen kommt daher eine besondere Bedeutung zu. Da die Filterung des Reglerentwurfsmodells die Basis der Fahrdynamikregelung ist, bestimmt die Filtergüte die bei der Steuerung und Regelung der Regelstrecke erzielbare Güte der Referenzmodellfolge. Nachfolgend wird die Validierung der gesteuerten Fahrdynamik ohne Regelanteil diskutiert.

5.3.2 Gesteuerte Fahrdynamik

Abbildung 15 zeigt die Güteindizes je Manöverkategorie für das gesteuerte LEICHT-Fahrzeug in den Nominalmanövern für den linearen Fahrdynamikbereich. Die Regelkonzeptmodule des Referenzmodells, des Zustands- und Parameterfilters, des Steuergesetzes und der modellprädiktiven Stellgrößenallokation sind aktiv. Zum Vergleich wird in Abbildung 15 die Gier- und Schwimmdynamik des passiven LEICHT-Fahrzeugs mitbewertet.

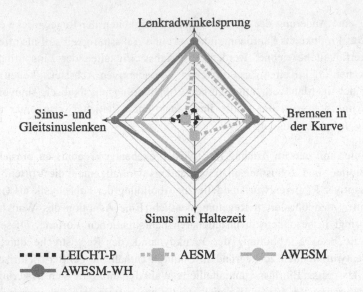

Abbildung 15: Güteindizes der adapt. Schwimm- und Gierdynamiksteuerung des LEICHT-Fahrzeugs für den Nominalmanöverkatalog im lin. Fahrdynamikbereich

Abbildung 15 zeigt, dass durch eine rein adaptive Modellfolgesteuerung der Horizontaldynamik, dem LEICHT-Fahrzeug auf Basis des *AWESM-WH*-Reglerentwurfsmodells das gewünschte Referenzverhalten mit geringen Fehlern aufgeprägt werden kann. Die gesamthaften Ergebnisse verhalten sich überwiegend analog zu den Erkenntnissen bezüglich der Schwimmwinkelfilterung im linearen Fahrdynamikbereich. Relevant äußert sich die Verbesserung der Vorsteuergüte der Schwimm- und Gierdynamik gegenüber der reinen Schwimmwinkelschätzung hinsichtlich des Kurvenbremsmanövers. Für das *AWESM-WH*-Filter ist in dieser Manöverkategorie eine Erhöhung des Güteindex um 25,9 % gegenüber der Filtergüte festzustellen. Die Horizontaldynamik der Regelstrecke wird auf ein Referenzmodell gesteuert, das dieselbe Ordnung wie die wankerweiterten Reglerentwurfsmodelle aufweist. Durch die Modellfolgesteuerung wird das Fahrverhalten der Regelstrecke der Dynamik eines wankerweiterten Referenzeinspurmodells angepasst, wodurch die adaptiven, wankerweiterten Reglerentwurfsmodelle eine gute Abbildbarkeit der Fahrzustände der Regelstrecke erzielen. Das passive LEICHT-Fahrzeug ohne Modellfolgeregelung entspricht beim Bremsen in der Kurve aufgrund seiner stärker nick- und längsdynamikbeeinflussten Fahrzustände indes weniger gut der Dynamik eines wankerweiterten

Einspurmodells und ist folglich durch ein adaptives, wankerweitertes Reglerentwurfsmodell nur mit geringerer Güte abbildbar.

Für das ebene *AESM*-Reglerentwurfsmodell ist eine Verringerung der Steuergüten bei Sinus- und Gleitsinuslenkmanövern gegenüber der reinen Filterung zu verzeichnen. Diese Steuergütenreduktion ist neben der unzureichenden Abbildegenauigkeit der Horizontaldynamik durch das *AESM*-Modell dadurch begründet, dass die Komplexität des Referenzmodells nicht der Komplexität der Vorsteuerung entspricht. Da zur Validierung der aktiven Fahrdynamikregelung stets ein parametriertes, wankerweitertes lineares Einspurmodell als Referenzmodell verwendet wird, wird im Falle der ebenen Einspurfiltermodelle die von Laumanns [73] formulierte Bedingung der Gleichheit der Ordnungen von Referenz- und Reglerentwurfsmodell nicht erfüllt. Das Referenzmodell besitzt daher eine vom Reglerentwurfsmodell und damit idealerweise der Regelstrecke abweichende Anzahl an Pole und Nullstellen. Durch die im Falle des *AESM*-Filters gegebene höhere Komplexität des Referenzmodells können die gegenüber dem Reglerentwurfsmodell zusätzlichen Pole und Nullstellen durch das Steuergesetz nicht eliminiert werden. Die Verwendung des in Abschnitt 3.1 beschriebenen Referenzmodells wird in dieser Arbeit auch für Reglerentwurfsmodelle mit einer abweichenden Modellkomplexität verwendet, um stets dieselbe Sollhorizontaldynamik vorzugeben. Diese Solldynamik könnte ein optimales subjektives Fahrverhalten abbilden. Zusammenfassend ist bei der adaptiven Steuerung der Horizontaldynamik des LEICHT-Fahrzeugs im linearen Fahrdynamikbereich mit dem *AWESM-WH*-Reglerentwurfsmodell in allen Manöverkategorien eine hohe Referenzmodellfolgegüte mit Güteindizes zwischen 6,3 bis 8,9 zu verzeichnen.

Zur exemplarischen Validierung der adaptiv gesteuerten Fahrdynamikregelung wird ein Sinus mit Haltezeit-Fahrmanöver bei einer Geschwindigkeit von 30 km/h und einer Lenkradwinkelamplitude betrachtet, die zu einer stationären Querbeschleunigung von 2 m/s² führt. Ab dem Beginn des Lenkvorgangs, der aus einer Lenkradsinusperiode mit 0,7 Hz und einer Haltezeit der vollen Lenkradwinkelamplitude in der Gegenlenkphase über 0,5 s besteht [126], wird vom Steuergesetz keine virtuelle Längskraft mehr gefordert. Damit gehen das Verschwinden der Resultierenden der Motormomente und ein dadurch bedingter linearer Geschwindigkeitsabfall während des Manövers von initial 30 km/h auf etwa 27 km/h einher. Abbildung 16 gibt die Fahrzeugreaktionen, Adaptionsparameter und Stellgrößen der auf Grundlage der Filtermodelle *AESM*, *AWESM* und *AWESM-WH* resultierenden Fahrzeugreaktion wieder.

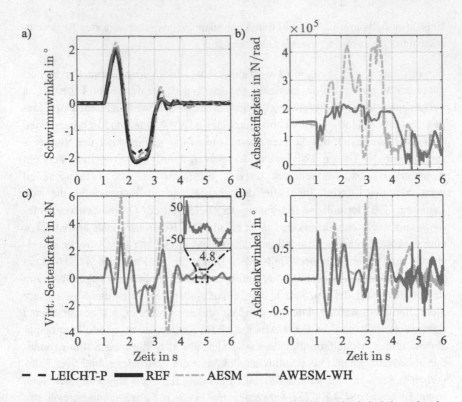

− − LEICHT-P   ▬▬ REF   ----- AESM   ▬▬ AWESM-WH

Abbildung 16: Schwimmwinkel und additive Vorderachslenkwinkel des adaptiv
gesteuerten LEICHT-Fahrzeugs (a), d)); Vorderachssteifigkeiten
und virtuelle Seitenkräfte der Reglerentwurfsmodelle (b), c));
Sinus mit Haltezeit, 0,7 Hz, 30 km/h, $a_y^{st} = 2\,\mathrm{m/s^2}$

Die in Abbildung 16a) dargestellte Schwimmreaktion des LEICHT-Fahrzeugs
zeigt, dass sich das instationäre Fahrverhalten des passiven Fahrzeugs ab der
Phase des Gegenlenkens bei circa 1,8 s merklich von dem des Referenzfahrzeugs
unterscheidet. Stationär stimmen beide Fahrverhalten aufgrund der Auslegungs-
systematik des passiven Fahrzeugs nahezu überein, vgl. Abschnitt 3.2.2. Während die adaptiv gesteuerten Ergebnisse mit dem ebenen Reglerentwurfsmodell
eine instationär unzureichende Steuergüte der Schwimm- und Gierdynamik aufweisen (vgl. auch Abbildung 29a) im Anhang A14), ist die Referenzmodellfolgegüte auf Basis des wankerweiterten Einspurmodells im Zeitintervall bis 4 s hoch.
Das heißt, dass zum einen mit dem *AWESM-WH*-Modell eine hinreichend gute
Abbildung der Horizontaldynamik der Regelstrecke und dadurch die Berechnung

der virtuellen Stellgrößen erreicht werden. Zum anderen gelingt die Beschreibung der Seitenkraft- und Giermomenterzeugung durch Zusatzachslenkwinkel und Radmomente in der modellprädiktiven Stellgrößenallokation. Die Achssteifigkeiten des *AESM*-Filtermodells sind indes durch hohe Adaptionsraten und große Schwankungen gekennzeichnet, die durch die fehlende Modellierung der Wankdynamik resultieren, vgl. Abbildung 16b).

Innerhalb des Zeitintervalls von 4 s bis 6 s verschwindet die Lenkradanregung. Für das *AWESM-WH*-Modell resultiert eine sich durch hohe Änderungsraten auszeichnende Achssteifigkeitsadaption. Die gefilterten Achssteifigkeiten induzieren kausal hohe Änderungsraten in den virtuellen und daher auch realen Stellgrößen, vgl. Abbildung 16c), d). Die sich mit hohen Raten und Amplituden ändernden realen Stellgrößen bewirken stark schwankende Gier- und Querbeschleunigungsreaktionen der Regelstrecke, vgl. Abbildung 29a), b) im Anhang A14. Die Aufschaltung der Aktorstellgrößen auf die Regelstrecke äußert sich zum Beispiel in kurzzeitigen Querbeschleunigungsausschlägen, die auch zu Zeitpunkten negativer Modellachssteifigkeiten bei circa 4,8 s für das *AWESM-WH*-Modell und circa 5,5 s für das *AESM*-Modell auftreten, vgl. Abbildung 16b). Negative Achssteifigkeiten widersprechen der Physik und bilden damit die Dynamik der Regelstrecke fehlerhaft ab. Analoge Effekte sind hinsichtlich des ebenen Filtermodells zu konstatieren. Aus den Resultaten während verschwindender Lenkradanregung leitet sich ein potentieller Ansatzpunkt der Verbesserung des Konzepts ab. So sollten bei verschwindender Lenkradwinkelanregung oder Fahrzeugreaktion die Adaptionsraten reduziert werden, um das Anlernen der Adaptionsparameter in Manöverphasen mit relevanter Fahrzeuganregung und –reaktion zu verlagern. Dieser Ansatz entspricht einer Methode aus der robusten, adaptiven Regelung [56, 70, 90]. Die Verringerung der Adaptionsraten ist durch eine Reduktion der Kovarianzen der durch Random Walk-Modelle abgebildeten Adaptionsparameter in den Filtern realisierbar, vgl. Abschnitt 4.1.4.

Nachfolgend wird die Validität der Steuerung der Horizontaldynamik im nichtlinearen Fahrdynamikbereich bei Veränderungen an der Regelstrecke und der Filterinitialisierung untersucht. In Abbildung 17 ist dazu die Bewertung der Fahrmanöver des Robustheitsmanöverkatalogs bei 80 km/h für den gesteuerten, nichtlinearen Fahrdynamikbereich gezeigt. Da adaptive gegenüber konstantparametrischen Reglerentwurfsmodellen prinzipiell Veränderungen der Regelstrecke abbilden, werden die in Abschnitt 5.1.1 beschriebenen konstantparametrischen Reglerentwurfsmodelle *KWESM* und *KEWESM* zusätzlich zu den adaptiven

Modellen betrachtet. Das Potential adaptiver Reglerentwurfsmodelle ist somit ausweisbar.

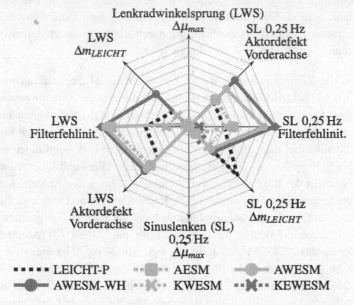

Abbildung 17: Güteindizes der Schwimm- und Gierdynamiksteuerung des LEICHT-Fahrzeugs für den Robustheitsmanöverkatalog im nichtlin. Fahrdynamikbereich (*EWESM*: Wankerweitertes lineares Einspurmodell mit Rollsteuern und Achsseitenkraftaufbaudynamik)

Auf Basis des *AWESM-WH*-Filters werden in den fehlinitialisierten und sprunghaft aktordeaktivierten Manövern Güteindizes zwischen 7,1 bis 9,8 erreicht. Gegenüber den adaptiven Reglerentwurfsmodellen mit konstantem Wankhebelarm oder ebener Dynamik wird insbesondere im Sinuslenkmanöver die hohe Steuergüte auf Grundlage des *AWESM-WH*-Modells deutlich. Diese hohe Steuergüte wird durch die hohe Abbildegüte der Dynamik des LEICHT-Fahrzeugs und die Separation von Horizontal- und Wankdynamik im adaptiven Reglerentwurfsmodell realisiert. Konstantparametrische Modelle kommen aufgrund ihrer schlechten Abbildegüte (vgl. Abbildung 28 im Anhang A13) und damit Steuergüte in Situationen mit sich ändernden Regelstreckenbedingungen für die integrierte Fahrdynamikregelung nicht in Frage. Analoge Ergebnisse ergeben sich für den gesteuerten linearen Fahrdynamikbereich, vgl. Abbildung 30 im Anhang

A14. Eine verschwindende Steuergüte ist in Manövern mit Reibbeiwerthalbierung aus Abbildung 17 abzuleiten. Diese fehlerhafte Modellfolgesteuerung ist physikalisch durch ein zu geringes Kraftschlusspotential zwischen Reifen und Fahrbahn des aktiven LEICHT-Fahrzeugs zu erklären. Bei Herabsetzen des Beiwerts auf $\mu_{max} = 0{,}5$ kann eine Querbeschleunigung von maximal 0,5 g erzielt werden, wobei durch die Lenkradwinkelvorgabe 8 m/s² gefordert werden. Die kraftschlussabhängige Begrenzung des in das Referenzmodell eingehenden Lenkradwinkels (vgl. Abschnitt 3.1.1) wird zur konsistenten Vorgabe der Querbeschleunigung für alle Manöver des Robustheitsmanöverkatalogs deaktiviert. Hinsichtlich der Manöver mit Kofferraumbeladung des LEICHT-Fahrzeugs ist trotz sehr guter Schätzgüten der adaptiven, wankerweiterten Reglerentwurfsmodelle (vgl. Abbildung 28 im Anhang A13) eine verminderte Steuergüte festzustellen. Das Kraftschlusspotential zwischen Reifen und Fahrbahn ist zu jedem Zeitpunkt vorhanden. Daher liegt die Ursache der geringen Steuergüten des *AWESM*- und *AWESM-WH*-Filters im Allokationsmodell der modellprädiktiven Stellgrößenallokation begründet, das die Erzeugung der Seitenkräfte und Giermomente auf den Schwerpunkt des LEICHT-Fahrzeugs beschreibt, vgl. Gl. 4.15. Um im nichtlinearen Fahrdynamikbereich in Manövern mit veränderlicher Beladung der Regelstrecke bessere Steuergüten zu erzielen, wird für weitere Arbeiten die Adaption des Masseparameters im Reglerentwurfsmodell vorgeschlagen. Damit ist ein Ansatz gegeben, die fehlerhafte Parametrierung des Masseparameters zu korrigieren und die negativen Einflüsse auf die adaptierten Achssteifigkeiten zur Beschreibung der Horizontaldynamik zu reduzieren oder zu beseitigen.

Eine Fehlinitialisierung der Adaptionsparameter wird von den adaptiven Reglerentwurfsmodellen hinreichend gut abgefangen. Daher sind die Steuergüteindizes für die adaptiven, wankerweiterten Reglerentwurfsmodelle im Lenkradwinkelsprung und dem Sinuslenkmanöver in Abbildung 17 mit 8,5 bis 9,8 sehr hoch. Die verminderten Steuergüteindizes in den Robustheitsmanövern mit sprunghaft deaktivierter Überlagerungslenkung und Vorderradmomenten des LEICHT-Fahrzeugs sind aufgrund der validen Filtergüten (vgl. Abbildung 28 im Anhang A13) durch die unzureichende nominelle Umsetzung der virtuellen Stellgrößen durch die Aktorstellgrößen in der modellprädiktiven Stellgrößenallokation zu erklären. Die virtuellen Stellgrößen werden ab dem Zeitpunkt der Aktorausfälle bei 6 s überwiegend nicht durch die Aktoren umgesetzt.

Zur Veranschaulichung der nominellen Umsetzung der virtuellen Stellgrößen dient das in Abbildung 18 gezeigte, gesteuerte Sinuslenken bei 0,25 Hz, 80 km/h und einer Lenkradwinkelamplitude, die zu einer stationären Querbeschleunigung von 8 m/s² führt. In der Abbildung sind die aus dem Steuergesetz resultierenden virtuellen Stellgrößen (*virtuell*) dem Verlauf der nominell durch die Optimierung der Aktorstellgrößen berechneten Seitenkräfte und Giermomente auf den Schwerpunkt des LEICHT-Fahrzeugs (*nominell*) für das adaptive, wankerweiterte Filter mit Wankhebelarmadaption (*AWESM-WH*) dargestellt.

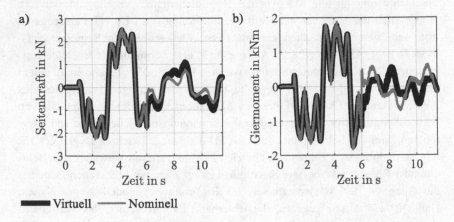

Abbildung 18: Virtuelle Stellgrößen und nominell radinduzierte Schwerpunkts-
kräfte u. -momente des adaptiv gesteuerten LEICHT-Fahrzeugs
mit *AWESM-WH*-Filter; a) Seitenkräfte; b) Giermomente; Sinuslenken, 0,25 Hz, 80 km/h, $a_y^{st} = 8\,\text{m/s}^2$, Ausfall Überlagerungslenkung und Vorderachsradmomente ab 6 s

Der Abbildung 18 sind ab der Deaktivierung der Vorderachsaktoren ab 6 s deutliche Unterschiede zwischen den Soll- und Istgrößen zu entnehmen, obwohl das Optimierungsproblem konvergent ist. Das heißt, im konkreten Fall des Sinuslenkmanövers im nichtlinearen Fahrdynamikbereich steht unter Einhaltung der Stellgrößenbegrenzung (vgl. Abschnitt 4.3) zu wenig Aktorpotential zur Referenzmodellfolge zur Verfügung.

Für die Steuerung der Fahrdynamik durch das integrierte Regelkonzept wird ergänzt durch die Ergebnisse aus Anhang A13 deutlich, dass auf dem wankerweiterten Einspurmodell basierende Reglerentwurfsmodelle gegenüber ebenen Einspurmodellen zum einen zu einer bessere Filtergüte und damit Eignung zur

Abbildung der Fahrdynamik komplexer Fahrzeugmodelle im linearen Fahrdynamikbereich beitragen. Zum anderen kann für den linearen Fahrdynamikbereich eine hinreichend gute Abbildung der durch reale Stellgrößen induzierten
Seitenkraft- und Giermomentenwirkungen geschlossen werden. Im nichtlinearen
Fahrdynamikbereich ist ein Verbesserungspotential insbesondere für sinusförmige Lenkmanöver auszuweisen, vgl. Abbildung 17. In Fahrmanövern mit rele-
vantem Längsdynamikanteil offenbart sich die Wankdynamik des LEICHT-
Fahrzeugs von untergeordneter Relevanz. Diese wird aus dem Kurvenbremsmanöver geschlussfolgert, da die gesteuerten Fahrzeugreaktionen auf Basis adaptiver Reglerentwurfsmodelle mit und ohne Wankdynamikmodell annähernd
übereinstimmen, vgl. Abbildung 31 in Anhang A14. Ein gegenüber dem ungesteuerten LEICHT-Fahrzeug stabiles Fahrverhalten während und nach dem
Bremsen wird auf Basis der Reglerentwurfsmodelle stets erzeugt.

An das Kurvenbremsmanöver anknüpfend, wird ausblickend die Modellierung
einer expliziten Längs- und Nickdynamik in den Filtermodellen zur verbesserten
Abbildung kombiniert längs- und querdynamischer Manöver empfohlen, da an-
hand der hohen Änderungsraten und Schwankungen der Adaptionsparameter der
Reglerentwurfsmodelle in diesen Manövern eine unzureichende Modellkom-
plexität gefolgert wird, vgl. Abbildung 31b) im Anhang A14. Aus den Ergebnissen des Robustheitsmanöverkatalogs wird die Validität der modellprädiktiven
Stellgrößenallokation im Umgang mit unterschiedlicher Aktorausstattung der
Regelstrecke geschlossen. Die Robustheit der adaptiv gesteuerten integrierten
Fahrdynamikregelung wird exemplarisch nachgewiesen. Konstantparametrische
Reglerentwurfsmodelle werden aufgrund der fehlenden Abbildung von Veränderungen der Regelstrecke und des maßgeblichen Identifikationsaufwandes gegenüber adaptiven Reglerentwurfsmodellen im weiteren Validierungsprozess vernachlässigt. Als Folge des systematischen Modulauswahlprozesses wird daher
das *AWESM*- und *AWESM-WH*-Filter innerhalb der integrierten Fahrdynamikregelung für das LEICHT-Fahrzeug vordefiniert. Durch einen weiteren Regelanteil sind hinsichtlich der vorausgewählten Filter potentiell weitere Verbesserungen in der Güte der Referenztrajektorienfolge von Schwimm- und Gierdynamik zu erwarten. Dies kann aus der tendenziell höheren Bewertung der Filtergüte
gegenüber der Steuergüte in den meisten Manöverkategorien geschlossen
werden, wie aus den referenzierten Netzdiagrammen hervorgeht.

Auf der folgenden dritten Validierungsstufe der integrierten Fahrdynamikregelung, werden die durch den in Abschnitt 4.2.3 entwickelten Sliding Mode-Regler
realisierbaren Verbesserungen in der Referenzmodellfolgegüte beispielhaft dargestellt. Abschließend wird das finale Filter ausgewählt.

5.3.3   Kombiniert vorgesteuerte und kontinuierlich geregelte
    Fahrdynamik

In Abbildung 19 sind die fahrdynamisch und energetisch bewerteten Ergebnisse
der Zwei-Freiheitsgrade-Regelung des LEICHT-Fahrzeugs mit kombinierter
Vorsteuerung und Regelung auf Basis der adaptiven, wankerweiterten Reglerentwurfsmodelle dargestellt. Es werden Sinus- und Gleitsinuslenkmanöver unter
Nominalbedingungen im linearen Fahrdynamikbereich betrachtet. Konstantparametrische und adaptive ebene Reglerentwurfsmodelle werden aufgrund der
gegenüber adaptiven, wankerweiterten Modellen geringeren erzielbaren Modellfolgegüte nicht weiter untersucht. Um das Potential zur Referenzmodellfolge
bezüglich der Regelung zusätzlich zur Steuerung der Horizontaldynamik aufzuzeigen, werden die Regelanteile kontinuierlich, das heißt ohne Regeltotzonen,
auf die Regelstrecke aufgeschaltet.

Abbildung 19 gibt die Güteindizes der Referenzmodellfolge für Sinus- und
Gleitsinuslenkmanöver im linearen Fahrdynamikbereich wieder. Es werden die
Frequenzen und Geschwindigkeiten des Nominalmanöverkataloges betrachtet,
vgl. Tabelle 10 im Anhang A12. Die Wahl der beiden Manöverkategorien mit
sinusförmiger Lenkanregung überprüft die geschwindigkeitsunabhängige Validität der Zwei-Freiheitsgrade-Struktur der integrierten Fahrdynamikregelung im
linearen Fahrdynamikbereich für frequenzabhängige Lenkradwinkelanregungen.
Die Bewertung des zusätzlichen Aktorenergiebedarfs durch Regelanteile stellt
den Nutzen einer zusätzlichen Modellfolgegüte den energetischen Kosten gegenüber.

In Abbildung 26 in Anhang A13 ist die hohe Validität der adaptiven, wankerwei-
terten Reglerentwurfsmodelle zur Abbildung der Fahrdynamik des LEICHT-
Fahrzeugs im linearen Fahrdynamikbereich in Sinus- und Gleitsinuslenkmanö-
vern ersichtlich, da die Güteindizes in diesen Manövern hohe Werte annehmen.
In Abbildung 19 ist zu erkennen, dass sich die Güteindizes bezüglich der Zwei-
Freiheitsgrade-Regelung des LEICHT-Fahrzeugs gegenüber der rein adaptiven
Steuerung erhöhen. Das heißt, dass die im Regelgesetz verwendeten, gefilterten

Fahrzeugreaktionen der Gierrate und des Schwimmwinkels des LEICHT-Fahrzeugs zu einer Erhöhung der Modellfolgegüte beitragen. Überdies entkoppelt der auf dem Reglerentwurfsmodell basierende Sliding Mode-Regler die virtuellen Stellgrößen offenbar adäquat von den zu steuernden bzw. regelnden Ausgangsgrößen. So soll durch das virtuelle Giermoment nur die Gierdynamik und über die virtuelle Seitenkraft lediglich die Schwimmdynamik beeinflusst werden.

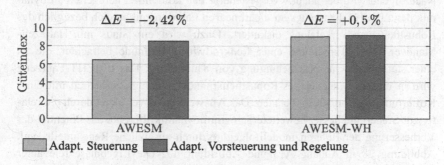

Abbildung 19: Gütebewertung der kombiniert adapt. Schwimm- und Gierdynamikvorsteuerung und -regelung des nominellen LEICHT-Fahrzeugs für Sinus- und Gleitsinusmanöver im lin. Fahrdynamikbereich (ΔE: Zusatzenergiebedarf durch Regelung)

Auf der in diesem Abschnitt betrachteten, dritten Stufe der Validierungsmethode werden die beiden Sekundärzielsummanden der Zielfunktion der modellprädiktiven Stellgrößenallokation nicht gewichtet. Das heißt, dass sowohl der Aktorenergiebedarf als auch die Motorenergieeffizienz bei der Stellgrößenallokation nicht berücksichtigt werden. Der bilanzierte Aktorenergiebedarf entspricht einem energetischen Mehrbedarf zur Querdynamikregelung. Dieser Energiemehrbedarf ist gegenüber einer Einhaltung der vom Steuer- und Regelgesetz berechneten virtuellen Längskraft zur Umsetzung der Längsdynamikvorgabe des Fahrers oder eines Tempomaten zur Ansteuerung der Aktoren der Regelstrecke aufzubringen. Die in Abbildung 19 dargestellte energetische Bilanzierung des Mehrbedarfs durch zusätzliche Regelanteile ΔE unterscheidet sich je nach Reglerentwurfsmodell, das für die Referenzmodellfolge verwendet wird. Für das *AWESM*-Reglerentwurfsmodell resultieren über alle Frequenzen und Geschwindigkeiten hinweg Aktorstellgrößen, die zu einer Verringerung des Energiemehrbedarfs um 2,42 % bei zusätzlicher Rückführregelung gegenüber der rein adaptiven Steuerung führen. Eine Verbesserung der Regelgüte geht somit nicht zwangsweise mit einer Erhöhung des Aktorenergiebedarfs einher. Der kumulative Güteindex verbessert sich dadurch von 6,48 auf 8,55. Die integrierte Fahrdynamikregelung auf Basis des *AWESM-WH*-Modells benötigt zur Verbesserung der Modellfolge-güte von 9,05 auf 9,17 0,5 % zusätzliche Aktorenergie. Letztlich wird im Lasten-heft der Fahrwerkentwicklung festgelegt, ob eine Erhöhung der Modellfolgegüte unter den gegegeben energetischen Kosten zielführend ist.

Nachfolgend wird der adaptiv vorgesteuerte und kombiniert geregelte Fahrdyna-mik des LEICHT-Fahrzeugs im nichtlinearen Fahrdynamikbereich bezüglich des Robustheitsmanöverkatalogs diskutiert. Dazu wird ein Sinus mit Haltezeit-Manöver bei 120 km/h und einer Lenkradwinkelamplitude betrachtet, die zu einer stationären Querbeschleunigung von 8 m/s² führt. Das LEICHT-Fahrzeug wird in diesem Manöver des Robustheitsmanöverkatalogs zusätzlich mit einer Kofferraumlast von 300 kg beladen. Das Ausweichmanöver bietet durch die rela-tiv zur Steuergüte besser bewertete Schwimmdynamikfiltergüte das Potential der Verbesserung der Referenzmodellfolgegüte durch zusätzliche Regelanteile, vgl. Abbildung 28 in Anhang A13 und Abbildung 17. Die Ergebnisse relevanter Manövergrößen zeigt Abbildung 20. Das betrachtete Filter entspricht dem wank-erweiterten Einspurmodell mit Wankhebelarmadaption (*AWESM-WH*).

Anhand Abbildung 20a) wird klar, dass die kombinierte Vorsteuerung und Rege-lung (FF+FB) gegenüber der rein adaptiven Steuerung (FF) auf Basis des *AWESM-WH*-Reglerentwurfsmodells eine deutlich verbesserte Folgegüte der Referenzschwimmdynamik ergibt. Insbesondere im Bereich des gehaltenen Lenkradwinkels zwischen 2,1 s und 2,6 s, aber auch in der Anlenkphase zwischen 1 s und 1,7 s sind hohe Regelgüten erzielbar. Damit ist nachgewiesen, dass das Filter für das gegebene Ausweichmanöver valide ist. Unterschiede in der adap-tiven Vorderachssteifigkeit werden insbesondere ab dem Haltezeitpunkt des Lenkradwinkels in der Gegenlenkphase ab circa 2,1 s deutlich, vgl. Abbildung 20b). Durch die kontinuierliche Regelung wird eine verbesserte Aufprägung der Referenzmodelldynamik auf die Regelstrecke erzielt. Die aufgeprägte Horizon-taldynamik der Regelstrecke kann vom Reglerentwurfsmodell wiederum besser abgebildet werden, da die Modellkomplexitäten von Reglerentwurfsmodell und Referenzmodell identisch sind und die Horizontaldynamik der Regelstrecke dem Referenzmodellverhalten adäquat entspricht. Die hohe Abbildegüte der Dynamik der Regelstrecke durch das adaptive Reglerentwurfsmodell ist an den geringeren Änderungsraten der Adaptionsparameter bei geregeltem Fahrzeug ersichtlich. Durch die Unterschiede in den Adaptionsparametern werden ab dem Zeitpunkt der Lenkradwinkelhaltephase des Gegenlenkens bezüglich des Falls mit konti-nuierlicher Regelung gleichsinnige Zusatzlenkwinkel erzeugt. Damit kann der

Schwimmwinkel gegenüber der überwiegend gegensinnigen Zusatzlenkung des rein adaptiv gesteuerten LEICHT-Fahrzeugs betraglich reduziert werden.

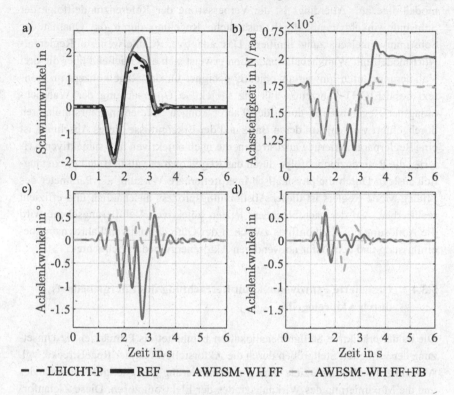

Abbildung 20: Schwimmwinkel und additive Lenkwinkel an Vorder- u. Hinterachse des adaptiv gesteuerten (FF) und zusätzlich geregelten (FF+FB) LEICHT-Fahrzeugs (a), c), d)); Vorderachssteifigkeiten der Reglerentwurfsmodelle (b)); Sinus mit Haltezeit, 0,7 Hz, 120 km/h, a_y^{st} = 8 m/s², Kofferraumbeladung +300 kg

Zusammenfassend stellt sich im betrachteten Fahrmanöver heraus, dass durch das adaptive, wankerweiterte lineare Einspurmodell mit Wankhebelarmadaption ein zweckmäßiges Reglerentwurfsmodell für die Zwei-Freiheitsgrade-Regelung der Horizontaldynamik des LEICHT-Fahrzeugs zur Verfügung steht. Diese Erkenntnis beruht auf systematischen Validierungsergebnissen im linearen und nichtlinearen (nicht dargestellt) Fahrdynamikbereich, bei nominellen und veränderten Masse- und Trägheitsparametern der Regelstrecke. Die kontinuierliche

Zuschaltung des in Abschnitt 4.2.3 entwickelten Sliding Mode-Reglers zeigt gegenüber einer rein adaptiven Steuerung deutlich bessere Güten der Referenzmodellfolge auf. Allerdings ist die Verbesserung der Referenzmodellfolge der Schwimmwinkeldynamik durch zusätzliche Regelung durch die Qualität der Schwimmwinkelschätzung limitiert. Das adaptive, wankerweiterte Reglerentwurfsmodell mit Wankhebelarmadaption erweist sich abschließend über die drei Validierungsstufen hinweg als objektiv geeignet für das Regelkonzept im Kontext des LEICHT-Fahrzeugs. Für die subjektive Untersuchung der Wahrnehmung der Regeleingriffe durch den Fahrer können Studien in Fahrsimulatoren durchgeführt werden. Auf deren Basis und der Erkenntnisse dieses Abschnitts ist eine Reglerparametrierung anzustreben, die nach objektiven und subjektiven Kriterien die Referenzmodellfolge durch das Regelkonzept validiert und praxistauglich auslegt. Durch die physikalisch interpretierbare Wirkung der Parameter des Sliding Mode-Reglers ist dieser Abstimmungsprozess anschaulich und effizient realisierbar. Auf der nachfolgenden, letzten objektiven Validierungsebene wird die Auflösung des Zielkonflikts zwischen der Güte der aktiven Fahrdynamikbeeinflussung und dem dafür notwendigen Aktorenergiebedarf betrachtet.

5.3.4   Gesteuerte Fahrdynamik mit Betrachtung des Energiebedarfs durch Aktoreingriffe

Die modellprädiktive Stellgrößenallokation beinhaltet als Primärziel die Umsetzung der virtuellen Stellgrößen durch die Aktorstellgrößen der Regelstrecke, vgl. Abschnitt 4.3. Sekundärziele sind die Minimierung des Stellgrößenaufwandes und die Maximierung des Wirkungsgrades der Elektromotoren. Diese Zielanforderungen sind als Summanden in der Zielfunktion der modellprädiktiven Stellgrößenallokation mathematisch beschrieben. Die Zielfunktionssummanden können durch individuelle Wichtungen priorisiert werden, um den Zielkonflikt zwischen der Referenzmodellfolgegüte und dem notwendigen Aktorenergiebedarf aufzulösen. Die gezielte Beeinflussbarkeit dieses Kompromisses wird in diesem Abschnitt durch die Wahl der Gewichtungsfaktoren der Zielfunktionssummanden anhand eines Gleitsinuslenkmanövers exemplarisch nachgewiesen. Es wird ein Strategieansatz abgeleitet, um eine energieoptimale Referenzmodellfolge zu realisieren. Dieser Strategieansatz wird in einer Methode genutzt, die eine systematische Fahrwerkauswahl mit optimaler Aktorausstattung für den Fahrwerkentwicklungsprozess unter fahrdynamischen, energetischen und wirtschaftlichen Aspekten beschreibt. Die in den Ergebnissen dieses Abschnitts bilanzierten Energiebedarfe entstammen validen Energiemodellen der Aktivlenkungen und der Traktions- und Rekuperationsmotoren, die in Knecht [63] beschrieben sind.

Anhand des Gleitsinuslenkmanövers bei 80 km/h im linearen Fahrdynamikbereich werden begrenzt auf eine in der Amplitude konstante Lenkradfrequenzanregung bis 2 Hz die Effekte unterschiedlicher Gewichtungen des quadratischen Stellgrößenterms in der Zielfunktion der modellprädiktiven Stellgrößenallokation untersucht. Eine Erzeugung der Radmomente erfolgt rein elektrisch. Negative Momente werden rekuperiert. Der Zielfunktionssubtrahend zur Maximierung des mittleren Elektromotorwirkungsgrades wird zur Vereinfachung nicht gewichtet. Zur Reduktion der Variantenanzahl wird eine identische Zielfunktionsgewichtung für alle Aktoren des vollaktuierten LEICHT-Fahrzeugs verwendet. Folglich sind die Gewichte aus Gl. 4.21 identisch, d. h. $w_{R,i} = w_R$, wobei $w_{R,\eta} = 0$.

In Abbildung 21 sind die Ergebnisse für die Steuergüteindizes der Fahrdynamikregelung über dem normierten Aktorenergiemehrbedarf für das Gleitsinuslenkmanöver auf Basis des *AWESM-WH*-Reglerentwurfsmodells aufgetragen. Es werden sechs verschiedene Varianten für die Realisierung der Gewichtungsfaktoren des quadratischen Stellgrößensummanden der Zielfunktion unterschieden. Darunter sind eine vernachlässigte Gewichtung der Stellgrößen für $w_R = 0$, die starke Bestrafung der Stellgrößenaufwände für $w_R = 10^7$ und vier weitere Varianten mit Gewichtungsfaktoren zwischen diesen beiden Grenzgewichtungsfaktoren. In Relation dazu werden die Primärziele der Fahrdynamikregelung aus Gründen einer verbesserten Optimiererkonvergenz stets mit einem Grundgewichtsfaktor von $w_{Q,i} = 10^4$ angesetzt. Liegt der Gewichtungsfaktor des quadratischen Stellgrößensummanden über dem Wert von $w_R = 10^4$, so ergibt sich aufgrund der Normierung aller Zielfunktionselemente eine Priorisierung der Minimierung des Aktorenergiemehrbedarfs gegenüber der Referenzmodellfolge.

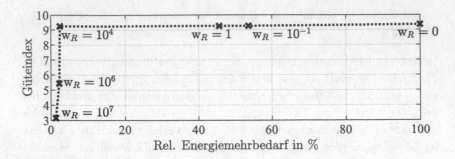

Abbildung 21: Güteindex der adapt. Schwimm- und Gierdynamikvorsteuerung des nominellen LEICHT-Fahrzeugs vs. relativem Aktorenergie-mehrbedarf; Variation w_R (Gewichtungsfakt. der quadr. Stell-größen in der MPSA); Gleitsinuslenken bis 2 Hz, 80 km/h, $a_y^{st} = 4\,\text{m/s}^2$

Abbildung 21 zeigt, dass bei vernachlässigter Berücksichtigung des Aktor-energiemehrbedarfs ($w_R = 0$), die höchste Steuergüte des Gleitsinuslenkmanö-vers erreicht wird. Der zusätzlich zu der Aufrechterhaltung der konstanten Fahr-geschwindigkeit bei Radmomentengleichverteilung benötigte Energiebedarf dieser Variante wird zu 100 % definiert. Mit Erhöhung der Relevanz von Stell-größenaufwänden in der Zielfunktion durch Erhöhung der Gewichtung bis $w_R = 10^4$, wird eine Reduktion des Energiemehrbedarfs um circa 97,5 % erreicht. Dabei wird der Güteindex lediglich um circa 0,11 verringert. Eine Gewichtung des quadratischen Stellgrößenterms über $w_R = 10^4$ hinaus reduziert zwar den Energiemehrbedarf, allerdings in erheblichem Maße ebenfalls die Refe-renzmodellfolgegüte. Für den in Abbildung 21 exemplarisch dargestellten Fall kann deshalb eine Wahl der mit $w_R = 10^4$ bezeichneten Wichtungsvariante zur energieeffizienten Fahrdynamikregelung empfohlen werden, sofern der damit erreichte Güteindex für das Gleitsinuslenkmanöver bis 2 Hz den Lastenheftanfor-derungen entspricht. Dabei liegt eine Gleichgewichtung der primären und sekun-dären Zielfunktionssummanden in der modellprädiktiven Stellgrößenallokation vor. Anzumerken ist, dass die gekreuzt dargestellten Stützstellen keine zwingend energieoptimalen Realisierungen der jeweiligen Güteindizes sind.

Eine Validierung des ebenfalls in der modellprädiktiven Stellgrößenallokation verankerten Ansatzes zur gezielten Beeinflussung der Elektromotorwirkungs-grade zur Reduktion des Aktorenergiebedarfs findet sich im Anhang A15. Aus den in Abbildung 32 gezeigten Ergebnissen des Gleisinuslenkmanövers bei

80 km/h folgt die Validität des Ansatzes zur Erhöhung des mittleren Motorwirkungsgrades über eine Erhöhung des Wichtungsfaktors $w_{R,\eta}$. Es ist bei erhöhtem Faktor sowohl eine Reduktion der über die Vorderachsmotoren induzierten Giermomente als auch eine Erhöhung des mittleren Wirkungsgrades der Vorderachsmotoren zu erkennen. Diese Effekte sind ausschließlich auf die Gewichtung des Wirkungsgradkriteriums in der Zielfunktion zurückzuführen, da der quadratische Stellgrößenaufwand in diesem Fall nicht gewichtet wird. Der verringerte Energiebedarf ist das Ergebnis der Wirkungsgradoptimierung, da das zeitliche Integral der Radmomente für beide gegenübergestellten Varianten vernachlässigbare Abweichungen aufweist und die Drehzahlen jeweils annähernd konstant sind. Das heißt die abgegebene Energie der Radmotoren wie auch der Aktivlenkungen ist bei den Varianten mit unterschiedlichem Wichtungsfaktor $w_{R,\eta}$ annähernd identisch. Die Reduktion des Aktorenergiemehrbedarfs durch die Gewichtung des Wirkungsgradkriteriums beträgt bei annähernd gleicher Steuergüte der beiden in Abbildung 32 gegenübergestellten Varianten etwa 57,5 %.

Zusammenfassend erfolgt die exemplarische Auflösung des Zielkonflikts zwischen Referenzmodellfolgegüte und Aktorenergiebedarf auf Basis der rein adaptiv gesteuerten Fahrdynamikregelung. Ergebnis der beispielhaften Untersuchung ist, dass der Konflikt über die Gewichtung der Zielfunktionselemente der modellprädiktiven Stellgrößenallokation zielgerichtet gelöst werden kann. Damit stellen die Gewichtungsfaktoren der modellprädiktiven Stellgrößenallokation ein valides und effizientes Werkzeug zur Applikation des Fahrdynamikregelkonzepts dar, das auf der vierten Validierungsebene genutzt wird. Nachfolgend wird ein Strategieansatz vorgestellt, um ausblickend eine energieoptimale Fahrdynamikregelung zu realisieren.

Der Strategieansatz zur energieoptimalen Fahrdynamikregelung auf Basis des Regelkonzepts dieser Arbeit beruht auf dem Werkzeug der mathematischen Optimierung. Zur Umsetzung des Ansatzes werden die aktorindividuellen Gewichtungsfaktoren der Sekundärziele $w_{R,i}$ durch mathematische Optimierung bestimmt. Das heißt, für diskret definierte, zu erzielende Modellfolgegüten der Fahrdynamikregelung werden für festzulegende Manöverkataloge die Gewichtungsfaktoren derart optimiert, dass ein minimaler Aktorenergiebedarf resultiert. Dieser Strategieansatz ist geeignet, da er in das Konzept der modellprädiktiven Stellgrößenallokation über die validierte Schnittstelle der Gewichtung des quadratischen Stellgrößenterms eingebettet werden kann. Die Nutzung dieses optimierungsbasierten Strategieansatzes der energetisch optimalen Stellgrößenverteilung wird zur Auswahl von Fahrwerkkonzepten und deren Aktorausstattungen im Fahrwerkentwicklungsprozess vorgeschlagen. Wird der oben beschriebene Optimierungsprozess für die Gewichtungsfaktoren der Sekundärziele der Zielfunktion der modellprädiktiven Stellgrößenallokation für hinreichend viele Zielmodellfolgegüten durchgeführt, entstehen energieoptimale Grenzkurven zur gegenüberstellenden Betrachtung von Steuer- bzw. Regelgüte und Energiebedarf. Solche Grenzkurven sind exemplarisch in Abbildung 22 wiedergegeben. Die diskreten Zielmodellfolgegüten für die Bestimmung der energieoptimalen Gewichtungsfaktoren in der Zielfunktion der modellprädiktiven Stellgrößenallokation sind durch Kreuzsymbole gekennzeichnet.

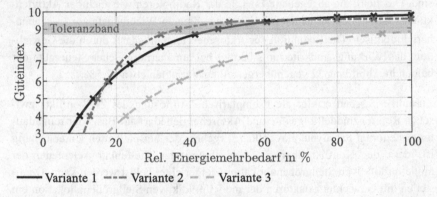

Abbildung 22: Energieoptimale Grenzkurven des Güteindex vs. rel. Aktorenergiemehrbedarf für verschiedene Fahrwerkvarianten in definierbarem Manöverkatalog

Der Vergleich der energieoptimalen Grenzkurven für verschiedene Fahrwerkkonzeptvarianten und Aktorausstattungen kann innerhalb des Fahrwerkentwicklungsprozesses als Entscheidungsmethode für die Auswahl eines Fahrwerkkonzepts und dessen Aktorausstattung dienen. Dabei kommen die Konzepte und Ausstattungen in Frage, die innerhalb eines zu erreichenden Toleranzbandes der Referenzmodellfolgegüte den geringsten Energiebedarf benötigen. In Abbildung 22 würde aufgrund des minimalen Energiebedarfs zur Fahrdynamikbeeinflussung im Sinne der vorgegebenen Zieltoleranz das Fahrwerkkonzept „Variante 2" ausgewählt werden. Zur ganzheitlichen Bewertung der Fahrwerkkonzepte im Fahrwerkentwicklungsprozess sollten neben der Betrachtung der Fahrdynamik und des zur Einstellung dieser benötigten Aktorenergiebedarfs die wirtschaftlichen Kosten des Fahrwerks und dessen Aktorik in einer Auswahlmethode berücksichtigt werden. Die Gewichtungsstrategie der Zielfunktionselemente sollte ausblickend um eine Fahrzustandsabhängigkeit ergänzt werden, um in kritischen Situationen nahe der Kraftschlussgrenze stets eine Verlagerung des Fokus von der Energieeffizienz auf die Einhaltung der Primärziele der Referenzmodellfolge und Stabilisierung des Fahrzustandes zu legen.

5.3.5 Zusammenfassung der Validierung

Aus den Untersuchungen und Ergebnissen dieses Kapitels wird die Validität des in dieser Arbeit entwickelten Fahrdynamikregelkonzepts geschlossen. In einer Prinzipvalidierung eines wankerweiterten linearen Einspurmodells als Regelstrecke wird die modellprädiktive Stellgrößenallokation als mathematisches Werkzeug zur Kompensation der Aktor- und Reifenkraftdynamik der Regelstrecke identifiziert. Die modellprädiktive Stellgrößenallokation ist von der Komplexität des Reglerentwurfsmodells unabhängig. Lediglich grundlegende Geometrie- und Lenkübersetzungsparameter als auch die Achssteifigkeiten werden in der Zielfunktion der Stellgrößenallokation zur Lösung des Referenzmodellfolgeproblems benötigt. Ein Verbesserungspotential der Güte der Fahrdynamikregelung durch komplexere Reglerentwurfsmodelle kann unter gleichzeitigem Erhalt der Echtzeitfähigkeit der rechenzeitkritischen, modellprädiktiven Stellgrößenallokation erschlossen werden. Die hohe Qualität der adaptiven Filterung zur validen Abbildung der Horizontaldynamik der linearen wankerweiterten Regelstrecke wird durch das wankerweiterte Reglerentwurfsmodell mit Wankhebelarmadaption unter Beweis gestellt.

Die erfolgreiche Anwendung der integrierten Fahrdynamikregelung auf das komplexe Mehrmassenmodell des LEICHT-Fahrzeugs erweitert die Validität des Regelkonzepts überdies. Innerhalb einer Validierungsmethode, die einen systematischen Auslegung- und Modulauswahlprozess beschreibt, wird mit stufenweise gesteigerter Komplexität des Regelkonzepts die Anwendbarkeit auf die realistische Regelstrecke in definierten Manövern aufgezeigt. Dem LEICHT-Fahrzeug wird durch die Fahrdynamikregelung die Horizontaldynamik eines Oberklassefahrzeugs bis in den fahrdynamischen Grenzbereich aufgeprägt. Hinsichtlich des LEICHT-Fahrzeugs ergeben sich sowohl bei reiner Schätzung als auch bei adaptiv gesteuerter und zusätzlich Sliding Mode-geregelter Fahrdynamik hohe Filter- und Modellfolgegüten für die überwiegende Zahl der betrachteten Manöver. Als Reglerentwurfsmodell dient ein wankerweitertes lineares Einspurmodell mit adaptiven Achssteifigkeiten und adaptivem Wankhebelarm. Die Manöver um-

fassen dabei querdynamische und kombinierte, längs- und querdynamische Fahrsituationen im linearen und nichtlinearen Fahrdynamikbereich. Die Vorteile
adaptiver Reglerentwurfsmodelle gegenüber konstantparametrischer Modelle
werden in Manövern mit veränderlichen Bedingungen der Regelstrecke ausge-
wiesen. Die Flexibilität der modellprädiktiven Stellgrößenallokation im Umgang
mit unterschiedlichen Aktorausstattungen oder Aktorausfällen wird aufgezeigt.
Der Zielkonflikt zwischen der Referenzmodellfolgegüte und dem Aktorenergiebedarf wird durch die zielgerichtete Gewichtung der Zielfunktionselemente in
der modellprädiktiven Stellgrößenallokation exemplarisch aufgelöst. Es wird ein
Strategieansatz entwickelt, der eine energieoptimale Referenzmodellfolge
realisiert. Dieser Strategieansatz wird in einer Methode verwendet, die eine Auswahl an Fahrwerkkonzepten und dessen optimaler Aktorausstattung im Fahrwerkentwicklungsprozess unter fahrdynamischen, energetischen und wirtschaftlichen Aspekten definiert. Durch die Validität zur Referenzmodellfolge der Horizontaldynamik für das komplexe LEICHT-Fahrzeug und die effiziente Auslegungsmethode des Fahrdynamikregelkonzepts ist die durchgängige Einsetzbarkeit der Fahrdynamikregelung im Fahrwerkentwicklungsprozess gegeben. Neben
der Anwendung auf Serienfahrzeuge ist eine Gegenüberstellung von Fahrwerkkonzepten und deren Aktorausstattung zur systematischen Auswahl in den
frühen Entwicklungsphasen durch das entwickelte Regelkonzept und den vorgeschlagenen Methoden möglich.

6 Fazit und Ausblick

In dieser Arbeit wird ein integriertes Fahrdynamikregelkonzept entwickelt, das einfach und effizient auf verschiedene Fahrzeuge mit unterschiedlicher Aktorik anwendbar ist. Es berücksichtigt eine energieeffziente Aktoransteuerung und ist hinsichtlich der Rechenleistungsanforderungen methodisch anpassbar. Die modulare Systemstruktur des Regelkonzepts begründet sich auf der Realisierung einer Validierungs- und Auslegungsmethode, die die Gesamtsystemkomplexität beherrschbar macht und eine einfache Erweiterbarkeit um aktive Fahrwerksysteme oder zu beeinflussende Fahrzeugfreiheitsgrade ermöglicht. Für zu regelnde Fahrzeuge sind lediglich grundlegende Masse-, Geometrie- und Dynamikparameter linearer Einspurmodelle, die Aktorlimitierungen, Aktordynamik und Aktorwirkungsgrad- und Lenkkinematikkennfelder vorzugeben. Das Fahrdynamikregelkonzept zeichnet sich insbesondere durch seine durchgängige und effiziente Anwendbarkeit im Fahrwerkentwicklungsprozess aus.

In dieser Abhandlung beschränkt sich die Anwendung des Fahrdynamikregelkonzepts auf die Beeinflussung der Fahrdynamik der Regelstrecke in der horizontalen Ebene. Zur Horizontaldynamikregelung finden radindividuelle Antriebs- und Bremssysteme, eine aktive Überlagerungslenkung an der Vorderachse und eine aktive Hinterachslenkung Anwendung. Die Definition des Regelziels basiert nach dem Konzept der Modellfolgeregelung auf einem Referenzmodell der Fahrdynamik. Dessen Referenzdynamik dient der integrierten Fahrdynamikregelung als Sollvorgabe. Die Module des Regelkonzepts setzen sich aus dem Referenzmodell, dem Zustands- und Parameterfilter, dem Steuer- und Regelgesetz und der modellprädiktiven Stellgrößenallokation zusammen. Insbesondere wird eine physikalische Nachvollziehbarkeit der Schnittstellen der Regelkonzeptmodule realisiert, die eine effiziente, ganzheitliche Validierungs- und Auslegungsmethode ermöglicht.

Das Zustands- und Parameterfilter identifiziert zur Laufzeit auf Basis eines Unscented Kalman Filter auf stochastisch optimale Weise die Zustände und adaptiven Parameter des Reglerentwurfsmodells. Als Reglerentwurfsmodell kommen Fahrdynamikmodelle mit rechenzeitunkritischer, geringer Komplexität und linearem Reifenmodell zum Einsatz, die die Fahrdynamik der Regelstrecke hinreichend gut durch Adaption geeigneter Parameter abbilden. Das Steuer- und Regelgesetz wird auf Basis des adaptiven Reglerentwurfsmodells abgeleitet und basiert auf einer adaptiven Vorsteuerung mit proportionalem Sliding Mode-

Regler. Dieser Regler zeichnet sich durch einen robusten, definierbar intensiven Regeleingriff außerhalb von Regeltotzonen aus. Die Definition der Regeltotzonen und von Parametern zur subjektivurteilsbasierten Einstellung der Regelintensität ist, neben der adaptiven Vorsteuerung, Element zur Realisierung eines für den Fahrer nachvollziehbaren Fahrverhaltens, vgl. König et al. [66]. Das Steuer- und Regelgesetz berechnet von der Aktorik zu erzeugende Kräfte und Momente auf den Schwerpunkt des geregelten Fahrzeugs zur Referenzmodellfolge. Diese Größen werden als virtuelle Stellgrößen bezeichnet, da ein nachgeschaltetes, modellprädiktives Stellgrößenallokationsmodul auf Basis derer die realen Stellgrößen berechnet. Die modellprädiktive Stellgrößenallokation realisiert durch ein effizient lösbares, konvex quadratisches Optimierungsproblem [19, 84] eine optimale Umsetzung der virtuellen Stellgrößen durch die Aktoren. Die Aktor- und Reifenkraftaufbaudynamik der Regelstrecke, die Wirkungsgradcharakteristik der Motoren und Stellgrößenbeschränkungen werden bei der Stellgrößenallokation berücksichtigt. Die Dynamik im Aufbau der virtuellen Stellgrößen durch die Aktorstellgrößen wird bei der Verteilung der Aktorstellgrößen kompensiert und braucht im Steuer- und Regelgesetz daher nicht berücksichtigt zu werden. Die Zielfunktion der Optimierung bezieht sowohl die quadratischen Abweichungen virtueller Stellgrößen von den durch die Aktorik erzeugten Kräften und Momenten, den Stellgrößenaufwand und den mittleren Wirkungsgrad der Motoren mit ein. Essentiell zur Realisierung des konvex quadratischen Optimierungsproblems ist die Wahl eines Reglerentwurfsmodells mit linearer Beschreibung des Zusammenhangs zwischen der induzierten Reifenseitenkraft und dem Schräglauf- oder Radlenkwinkel.

Die Validierungs- und Reglerauslegungsmethode basiert auf Manöverkatalogen, die den linearen und nichtlinearen Fahrdynamikbereich der Regelstrecke bei nominellen und veränderten Fahrzeug- und Fahrbahnbedingungen untersuchen. Die Ergebnisse der Fahrmanöver werden auf Basis quantitativer Kennwerte und einer qualitativen Einschätzung systematisch bewertet. Auf vier Ebenen der objektiven Validierung wird auf diese Weise eine Bewertung der Filtergüte, der Steuergüte, der kombinierten Vorsteuer- und Regelgüte und des Potentials der energieoptimal vorgesteuerten Fahrdynamikregelung ermöglicht. Die modulare Struktur der Fahrdynamikregelung erlaubt auf diesen Validierungsebenen eine systematische und in der Wirkung physikalisch interpretierbare Auslegung der Module des Regelkonzepts. Dabei bleibt die Komplexität beherrschbar.

Die Validierung des Regelkonzepts anhand des urbanen LEICHT-Fahrzeugs evaluiert in rein querdynamischen Fahrmanövern bis zu Lenkradanregungsfrequenzen von 2 Hz eine hohe Güte der adaptiven Steuerung der Horizontaldynamik der Regelstrecke auf die Referenzdynamik eines Oberklassefahrzeugs für den linearen und ebenfalls nichtlinearen Fahrdynamikbereich. Dabei werden sowohl nominelle Bedingungen der Regelstrecke als auch eine veränderte Fahrzeugbeladung, Fahrbahnbeschaffenheit und Filterinitialisierung sowie Aktorausfälle betrachtet. Bei rein adaptiver Steuerung der Horizontaldynamik des LEICHT-Fahrzeugs wird eine Übereinstimmung mit der Horizontaldynamik des Oberklassefahrzeugs von 91,0 % bis 99,7 % erreicht. Die Aufschaltung eines zusätzlichen Sliding Mode-Regelanteils bewirkt gegenüber der rein adaptiven Steuerung eine exemplarische Erhöhung der Übereinstimmung mit dem Referenzmodell um 2,3 % im nichtlinearen Fahrdynamikbereich. Diese Verbesserung liegt in der Validität der gefilterten Zustände der Regelstrecke und der Adaptionsparameter des zugrundeliegenden adaptiven, wankerweiterten linearen Einspurmodells als Reglerentwurfsmodell begründet. Lediglich in kombiniert quer- und längsdynamischen Fahrmanövern ist ein signifikantes Verbesserungspotential der adaptiven Reglerentwurfsmodelle bei der Abbildung des horizontaldynamischen Fahrverhaltens des LEICHT-Fahrzeugs zu konstatieren. Die Referenzmodellübereinstimmung für die adaptive Steuerung der nominellen Regelstrecke liegt diesbezüglich bei durchschnittlich 94,8 %. Dies ist potentiell auf die unmodellierte Dynamik der Längs- und Nickbewegung im Reglerentwurfsmodell zurückzuführen.

Die Eignung der modellprädiktiven Stellgrößenverteilung zur Berücksichtigung des Energiebedarfs und Umsetzung einer energieeffizienten Fahrdynamikregelung wird aufgezeigt. Exemplarisch wird anhand eines Gleitsinuslenkmanövers bei konstanter Geschwindigkeit die Reduktion des zur Fahrverhaltensaufprägung benötigten Energiemehrbedarfs um 97,5 % bei gleichzeitiger Veränderung des Güteindex der Steuergüte um lediglich -1,2 % identifiziert. Eine Validierung der zielgerichteten Erhöhung der Triebstrangmotorwirkungsgrade durch entsprechende Gewichtung in der Zielfunktion der Optimierung schließt sich an. Somit steht durch die Gewichtungsfaktoren der modellprädiktiven Stellgrößenallokation ein Applikationswerkzeug zur Verfügung, um den Zielkonflikt zwischen Referenzmodellfolgegüte und Energiebedarf zielgerichtet und effektiv zu bewältigen. Die Schnittstelle zu den Gewichtungsfaktoren der Zielfunktionselemente des modellprädiktiven Optimierungsproblems wird in einer vorgeschlagenen Methode dazu genutzt, um eine auf fahrdynamischen, energetischen und wirtschaftlichen Aspekten basierende Auswahl von Fahrwerken und deren Aktorausstattung in den frühen Phasen der Fahrwerkentwicklung vorzunehmen.

Der wissenschaftliche Beitrag dieser Arbeit liegt insbesondere in der problemangepassten Modularisierung des integrierten Fahrdynamikregelkonzepts. Die modulare Separation der Funktionen des Regelkonzepts erlaubt einen effizienten Auslegungsprozess des Regelsystems, da die Modulschnittstellen geeignet gewählt sind. Die Auslegungsmethode erfüllt die Anforderungen aus der Fahrwerkentwicklung. Diese sind maßgeblich durch eine effiziente Applikation des integrierten Regelungssystems auf unterschiedliche Fahrzeuge und Aktorausstattungen, die Realisierung einer energieeffizienten Stellgrößenallokation und die Wahrung der Echtzeitfähigkeit unter wirtschaftlicher Rechenleistungsanforderung gegeben. Es wird nachgewiesen, dass die integrierte Fahrdynamikregelung robust auf realitätsnah modellierte Regelstrecken anwendbar ist, die insbesondere nichtlineare Reifen- und Aktorcharakteristika, dynamische Lenkungsmodelle und Aktordynamiken aufweisen. Die vorliegende Arbeit zeigt auf, dass das integrierte Fahrdynamikregelkonzept während des Fahrwerkentwicklungsprozesses durchgängig und effizient eingesetzt werden kann. In diesem Sinne ermöglicht die entwickelte Auslegungsmethodik zum einen eine einfache und rasche Parametrierung der Regelkonzeptmodule für Serienfahrzeuge. Zum anderen erlaubt die vorgestellte Systematik zur Gegenüberstellung der fahrdynamischen Zielerreichung, des Aktorenergiebedarfs und der Fahrwerkkosten die effiziente Auswahl des energieoptimalen Fahrwerks und dessen Aktorausstattung in der frühen Fahrwerkentwicklungsphase.

Ausblickend wird durch die modulare Konzeption der Fahrdynamikregelung eine systematische Erweiterung der zu regelnden Fahrzeugfreiheitsgrade ermöglicht. Einerseits kann so neben der in dieser Arbeit betrachteten Horizontaldynamik die vollständige Dynamik des Fahrzeugaufbaus in sechs Freiheitsgraden in die Fahrdynamikregelung einbezogen werden. Damit wird über die ebene Fahrdynamik hinaus die gezielte Regelung der Wank-, Nick- und Hubdynamik realisierbar. Zur Regelung hinzukommender Fahrzeugfreiheitsgrade werden andererseits zusätzliche Aktoren, wie z.B. aktive Stabilisatoren, aktive Federn und aktive Dämpfer benötigt. Diese Aktorik ist konzeptionell durch Modellerweiterungen in der modellprädiktiven Stellgrößenallokation zu berücksichtigen. Zur Verbesserung der Modellfolgegüte in querdynamischen Manövern mit Längsdynamikanteil wird eine Erweiterung des Reglerentwurfsmodells um die explizite Modellierung der Fahrzeuglängs- und -nickdynamik vorgeschlagen.

Literaturverzeichnis

1. Acosta, M.; Alatorre Vasquez, A.; Kanarachos, S.; Victorino, A.; Charara, A.: Estimation of tire forces, road grade, and road bank angle using tire model-less approaches and Fuzzy Logic. IFAC-PapersOnLine, 2017, 50-1, S. 14836–14842.
2. Adamy, J.: Nichtlineare Systeme und Regelungen. 2. Aufl., Berlin: Springer Vieweg, 2014.
3. Ahlert, A.: Ein modellbasiertes Regelungskonzept für einen Gesamtfahrzeug-Dynamikprüfstand, Zugl.: Dissertation, Universität Stuttgart, 2020, Wiesbaden: Springer Vieweg, 2020.
4. Ahlert, A.; Fridrich, A.; Neubeck, J.; Krantz, W.; Wiedemann, J.: Development and Validation of a real-time capable Vehicle Dynamics Simulation Environment for Road and Test Bench Applications. In: International Journal of Systems Modelling and Testing, Angenommener Aufsatz in Veröffentlichungsphase.
5. Akaike, H.; Yamanouchi, Y.: On the statistical estimation of frequency response function. Annals of the Institute of Statistical Mathematics, 1962, Jahrgang 14, Heft 1, S. 23–56.
6. Alatorre Vasquez, A.; Victorino, A.; Charara, A.: Estimation of Wheel-Ground Contact Normal Forces: Experimental Data Validation. IFAC-PapersOnLine, 2017, Jahrgang 50, Heft 1, S. 14843–14848.
7. Arnold, M.; Burgermeister, B.; Führer, C.; Hippmann, G.; Rill, G.: Numerical methods in vehicle system dynamics: state of the art and current developments. Vehicle System Dynamics, 2011, Jahrgang 49, Heft 7, S. 1159–1207.
8. Aronsson, K. F. M.: Speed characteristics of urban streets based on driver behaviour studies and simulation, Dissertation, Stockholm: Royal Institute of Technology (KTH), 2006.
9. Bächle, T.; Graichen, K.; Buchholz, M.; Dietmayer, K.: Model Predictive Control Allocation in Electric Vehicle Drive Trains. IFAC-PapersOnLine, 2015, Jahrgang 48, Heft 15, S. 335–340.
10. Bechtloff, J.; König, L.; Isermann, R.: Cornering Stiffness and Sideslip Angle Estimation for Integrated Vehicle Dynamics Control. IFAC-PapersOnLine, 2016, Jahrgang 49, Heft 11, S. 297–304.

© Der/die Herausgeber bzw. der/die Autor(en), exklusiv lizenziert durch
Springer Fachmedien Wiesbaden GmbH, ein Teil von Springer Nature 2020
A. G. Fridrich, *Ein integriertes Fahrdynamikregelkonzept zur Unterstützung des Fahrwerkentwicklungsprozesses*, Wissenschaftliche Reihe Fahrzeugtechnik Universität Stuttgart, https://doi.org/10.1007/978-3-658-32274-8

11. Bechtloff, J. P.: Schätzung des Schwimmwinkels und fahrdynamischer Parameter zur Verbesserung modellbasierter Fahrdynamikregelungen, Zugl: Dissertation, Technische Universität Darmstadt, 2018, Düsseldorf: VDI-Verlag, 2018.

12. Bechtloff, J. P.; Ackermann, C.; Isermann, R.: Adaptive state observers for driving dynamics - online estimation of tire parameters under real conditions. In: Pfeffer, P.; Hrsg. 6th International Munich Chassis Symposium 2015, Wiesbaden: Springer Fachmedien, 2015, S. 719–734.

13. Becker, K.; Hrsg.: Subjektive Fahreindrücke sichtbar machen II: Korrelation zwischen objektiver Messung und subjektiver Beurteilung von Versuchsfahrzeugen und -komponenten, Renningen: Expert-Verlag, 2002.

14. Berger, F.; Krimmel, H.: Aktive Hinterachskinematik für Pkw. ATZ Automobiltechnische Zeitschrift, 2014, Jahrgang 116, Heft 6, 10-15.

15. Besselink, I. J. M.; Schmeitz, A. J. C.; Pacejka, H. B.: An improved Magic Formula/Swift tyre model that can handle inflation pressure changes. Vehicle System Dynamics, 2010, Jahrgang 48, Heft 1, S. 337–352.

16. Binder, A.: Elektrische Maschinen und Antriebe: Grundlagen, Betriebsverhalten. 2. Aufl., Berlin, Heidelberg: Springer Vieweg, 2017.

17. Birk, J.; Zeitz, M.: Extended Luenberger observer for non-linear multivariable systems. International Journal of Control, 1988, Jahrgang 47, Heft 6, S. 1823–1836.

18. Börner, M.: Adaptive Querdynamikmodelle für Personenkraftfahrzeuge - Fahrzustandserkennung und Sensorfehlertoleranz, Zugl.: Dissertation, Technische Universität Darmstadt, 2003, Düsseldorf: VDI-Verlag, 2004.

19. Boyd, S. P., Vandenberghe, L.: Convex Optimization. 7. Aufl., Cambridge (UK): Cambridge University Press, 2009.

20. Breuer, B., Bill, K. H.: Bremsenhandbuch: Grundlagen, Komponenten, Systeme, Fahrdynamik. 5. Aufl., Wiesbaden: Springer Fachmedien, 2017.

21. Brockhaus, R., Alles, W., Luckner, R.: Flugregelung. 3. Aufl., Dordrecht: Springer, 2011.

22. Chen, M.; Rincon-Mora, G. A.: Accurate Electrical Battery Model Capable of Predicting Runtime and I–V Performance. IEEE Trans. On Energy Conversion, 2006, Jahrgang 21, Heft 2, S. 504–511.

23. Deisser, O.; Kopp, G.; Fridrich, A.; Neubeck, J.: Development and realization of an in-wheel suspension concept with an integrated electric drive. In: 2018 Thirteenth International Conference on Ecological Vehicles and Renewable Energies (EVER); 4/10/2018 - 4/12/2018; Monte-Carlo, Piscataway, NJ: IEEE, 2018.

24. Department for Transport: Analysis of travel times on local A roads, England: 2014, Öffentlicher Bericht, 2016.

25. Deutsches Institut für Normung: Straßenfahrzeuge, Bremsen in der Kurve: Testverfahren im offenen Regelkreis, DIN ISO 7975:1987, Januar 1987, Berlin: Beuth Verlag GmbH.

26. Deutsches Institut für Normung: Straßenfahrzeuge, Testverfahren für querdynamisches Übertragungsverhalten, DIN ISO 7401:1989, April 1989, Berlin: Beuth Verlag GmbH.

27. Deutsches Institut für Normung: Funktionale Sicherheit sicherheitsbezogener elektrischer/elektronischer/programmierbarer elektronischer Systeme, DIN EN 61508:2010, Februar 2011, Berlin: Beuth Verlag GmbH.

28. Dixon, P. J.; Best, M. C.; Gordon, T. J.: An Extended Adaptive Kalman Filter for Real-time State Estimation of Vehicle Handling Dynamics. Vehicle System Dynamics, 2000, Jahrgang 34, Heft 1, S. 57–75.

29. Doumiati, M.; Victorino, A.; Charara, A.; Lechner, D.: Unscented Kalman filter for real-time vehicle lateral tire forces and sideslip angle estimation. In: 2009 IEEE Intelligent Vehicles Symposium (IV); 03.06.2009 - 05.06.2009; Xi'an, China, Piscataway, NJ: IEEE, 2009, S. 901–906.

30. Engell, S., Allgöwer, F.; Hrsg.: Entwurf nichtlinearer Regelungen, München, Wien: Oldenbourg, 1995.

31. Fan, L.; Wehbe, Y.: Extended Kalman filtering based real-time dynamic state and parameter estimation using PMU data. Electric Power Systems Research, 2013, Jahrgang 103, S. 168–177.

32. Fridrich, A.; Krantz, W.; Neubeck, J.; Wiedemann, J.: Innovative torque vectoring control concept to generate predefined lateral driving characteristics. In: Bargende, M., Reuss, H.-C., Wiedemann, J.; Hrsg. 18. Internationales Stuttgarter Symposium 2018: Automobil- und Motorentechnik, Wiesbaden: Springer Vieweg, 2018, S. 377–394.

33. Geist, M.; Pietquin, O.: Statistically Linearized Recursive Least Squares: IEEE International Workshop on Machine Learning for Signal Processing (MLSP); 29.08.2010 - 01.09.2010, Kittilä, Finland, 2010.

34. Gibson, T. E.; Annaswamy, A. M.; Lavretsky, E.: On Adaptive Control With Closed-Loop Reference Models: Transients, Oscillations, and Peaking. IEEE Access, 2013, Jahrgang 1, S. 703–717.

35. Gienger, A.; Henning, K.-U.; Sawodny, O.: Feed-forward lateral dynamics control of over-actuated vehicles considering actuator dynamics. In: First Annual IEEE Conference 2017, S. 566–571.

36. Gießler, M.: Mechanismen der Kraftübertragung des Reifens auf Schnee und Eis, Zugl.: Dissertation, Karlsruher Institut für Technologie, 2011, Karlsruhe: KIT Scientific Publishing, 2012.

37. Goodwin, G. C., Sin, K. S.: Adaptive Filtering Prediction and Control, Mineola, New York: Dover Publications, Inc., 2009.

38. Graf, M.: Methode zur Erstellung und Absicherung einer modellbasierten Sollvorgabe für Fahrdynamikregelsysteme, Dissertation, München: Technische Universität München, 2014.

39. Grewal, M. S., Andrews, A. P.: Kalman filtering: Theory and practice using MATLAB. 2. Aufl., New York: Wiley, 2001.

40. Grodzevich, O.; Romanko, O.: Normalization and Other Topics in Multi-Objective Optimization. Proceedings of the Fields-MITACS Industrial Problems Workshop, Toronto, 2006.

41. Guo, H.; Cao, D.; Chen, H.; Lv, C.; Wang, H.; Yang, S.: Vehicle dynamic state estimation: state of the art schemes and perspectives. IEEE/CAA J. Autom. Sinica, 2018, Jahrgang 5, Heft 2, S. 418–431.

42. Halbe, I.: Modellgestützte Sensorinformationsplattform für die Quer- und Längsdynamik von Kraftfahrzeugen: Anwendungen zur Fehlerdiagnose und Fehlertoleranz, Zugl.: Dissertation, Technische Universität Darmstadt, 2008, Düsseldorf: VDI-Verlag, 2008.

43. Halfmann, C., Holzmann, H.: Adaptive Modelle für die Kraftfahrzeugdynamik, Berlin: Springer, 2003.

44. Heißing, B., Ersoy, M., Gies, S.; Hrsg.: Fahrwerkhandbuch: Grundlagen, Fahrdynamik, Komponenten, Systeme, Mechatronik, Perspektiven. 4. Aufl., Wiesbaden: Springer Fachmedien, 2013.

45. Henning, K.-U.; Sawodny, O.: Vehicle dynamics modelling and validation for online applications and controller synthesis. Mechatronics, 2016, Jahrgang 39, S. 113–126.

46. Henning, K.-U.; Speidel, S.; Sawodny, O.: Integrated feed-forward controller for the lateral dynamics of an over-actuated vehicle using optimization based model inversion. In: 2016 American Control Conference (ACC), S. 5994–5999.

47. Hochrein, P.: Leistungsoptimale Regelung von Hochstromverbrauchern im Fahrwerk, Zugl.: Dissertation, Universität Kassel, 2013, Kassel: Kassel University Press, 2013.

48. Hoedt, J.: Fahrdynamikregelung für fehlertolerante X-By-Wire-Antriebstopologien, Zugl.: Dissertation, Technische Universität Darmstadt, 2013, Berlin: epubli GmbH, 2013.

49. Höfer, A.: Vorgehensmodell zur anforderungsgerechten Konzeption, Bewertung und virtuellen Produktentwicklung antriebsintegrierter Fahrwerke für elektrifizierte Straßenfahrzeuge, Zugl.: Dissertation, Universität Stuttgart, 2017, Köln: Deutsches Zentrum für Luft- und Raumfahrt e.V., 2017.

50. Höfer, A., Wiesebrock, A., Bosch, V., Schumann, A., Zeitvogel, D., Neubeck, J.: Leichtbau für Elektrofahrzeuge der nächsten Generation mit besonderem Fokus auf Karosserie, Fahrwerk und radindividuellem Antrieb: Abschlussbericht DLR@UniST, Stuttgart, 31.08.2014.

51. Holoborodko, P.: Smooth noise-robust differentiators, 2008. http://www.holoborodko.com/pavel/numerical-methods/numerical-derivative/smooth-low-noise-differentiators/. abgerufen am 11.9.2019.

52. Horn, A.: Fahrer - Fahrzeug - Kurvenfahrt auf trockener Strasse, Braunschweig: Technische Universität Braunschweig, 1986.

53. Horn, M., Dourdoumas, N.: Regelungstechnik: Rechnerunterstützter Entwurf zeitkontinuierlicher und zeitdiskreter Regelkreise, München: Pearson Studium, 2004.

54. Huang, T. A.; Horowitz, M. B.; Burdick, J. W.: Convex Model Predictive Control for Vehicular Systems. Cornell University, New York, 2014.

55. International Organization for Standardization: Passenger cars, steady-state circular driving behaviour, open-loop test methods, ISO 4138:2012(E), 01.06.2012, Genf: International Organization for Standardization.

56. Ioannou, P. A., Fidan, B.: Adaptive Control Tutorial, Philadelphia: Society for Industrial and Applied Mathematics, 2006.

57. Isermann, R.: Fahrdynamik-Regelung: Modellbildung, Fahrerassistenzsysteme, Mechatronik; mit 28 Tabellen. 1. Aufl., Wiesbaden: Friedr. Vieweg & Sohn Verlag | GWV Fachverlage GmbH, 2006.

58. Isermann, R., Münchhof, M.: Identification of Dynamic Systems: An Introduction with Applications, Berlin, Heidelberg: Springer-Verlag, 2011.

59. Ivanova, O.: Zuverlässige Zuladungsschätzung bei PKW während der Fahrt, Dissertation, Stuttgart: Universität Stuttgart, 2016.

60. Jalali, M.; Hashemi, E.; Khajepour, A.; Chen, S.-k.; Litkouhi, B.: Integrated model predictive control and velocity estimation of electric vehicles. Mechatronics, 2017, Jahrgang 46, S. 84–100.

61. Julier, S. J.; Uhlmann, J. K.; Durrant-Whyte, H. F.: A new approach for filtering nonlinear systems. In: 1995 American Control Conference (ACC); Seattle, 1995, S. 1628–1632.

62. Kampker, A., Vallée, D., Schnettler, A.; Hrsg.: Elektromobilität: Grundlagen einer Zukunftstechnologie. 2. Aufl., Berlin: Springer Vieweg, 2018.

63. Knecht, K.: Weiterentwicklung einer modellprädiktiven Stellgrößenallokation für das Konzept einer integrierten, adaptiven Fahrdynamikregelung, Studienarbeit, Institut für Verbrennungsmotoren und Kraftfahrwesen, Stuttgart: Universität Stuttgart, 2019.

64. Knobel, C.: Optimal Control Allocation for Road Vehicle Dynamics using Wheel Steer Angles, Brake/Drive Torques, Wheel Loads and Camber Angles, Zugl.: Dissertation, Technische Universität München, 2009, Düsseldorf: VDI-Verlag, 2009.

65. Kobetz, C.: Modellbasierte Fahrdynamikanalyse durch ein an Fahrmanövern parameteridentifiziertes querdynamisches Simulationsmodell, Zugl.: Dissertation, Technische Universität Wien, 2003, Aachen: Shaker, 2004.

66. König, L.; Gutmayer, B.; Merlein, D.: Entwicklung einer integrierten Fahrdynamikregelung. ATZ Automobiltechnische Zeitschrift Extra, 2013, Jahrgang 18, Heft 2, S. 36–41.

67. König, L.; Walter, T.; Gutmayer, B.; Merlein, D.: Integrated Vehicle Dynamics Control - an optimized approach for linking multiple chassis actuators. In: Bargende, M., Reuss, H.-C., Wiedemann, J.; Hrsg. 14. Internationales Stuttgarter Symposium 2014: Automobil- und Motorentechnik, S. 139–150.

68. Kopp, G., Deisser, O., Höfer, A., Fridrich, A., Neubeck, J.: Leichtbaufahrwerk für Elektrofahrzeuge der nächsten Generation: Prototypenaufbau und Fahrfunktionsentwicklung: Abschlussbericht des Forschungsprojekts, Stuttgart, 31.12.2017.

69. Krantz, W.: An Advanced Approach for Predicting and Assessing the Driver's Response to Natural Crosswind, Zugl.: Dissertation, Universität Stuttgart, 2011, Renningen: Expert-Verlag, 2012.

70. Krstic, M., Kanellakopoulos, I., Kokotovic, P.: Nonlinear and adaptive control design, New York, Chichester, Brisbane, Toronto, Singapore: John Wiley & Sons, Inc., 1995.

71. Krueger, J.; Pruckner, A.; Knobel, C.: Control Allocation für Straßenfahrzeuge - ein systemunabhängiger Ansatz eines integrierten Fahrdynamikreglers. In: 19. Aachener Kolloquium Fahrzeug- Motorentechnik 2010, S. 1–13.

72. Lang, H.-P.: Kinematik-Kennfelder in der objektorientierten Mehrkörpermodellierung von Fahrzeugen mit Gelenkelastizitäten, Zugl.: Dissertation, Universität Duisburg, 1996, Düsseldorf: VDI-Verlag, 1997.

73. Laumanns, N.: Integrale Reglerstruktur zur effektiven Abstimmung von Fahrdynamiksystemen, Dissertation, Rheinisch-Westfälische Technische Hochschule Aachen, 2007, Aachen: fka Forschungsgesellschaft Kraftfahrwesen mbH, 2007.

74. Lazouane, U.: Aktive Regelkonzepte für das Torque-Vectoring radindividuell angetriebener Elektrofahrzeuge basierend auf Sliding Mode Control, Forschungsarbeit, Institut für Verbrennungsmotoren und Kraftfahrwesen, Stuttgart: Universität Stuttgart, 2017.

75. Lazouane, U.: Adaptive und integrierte Fahrdynamikregelung für Fahrzeuge mit X-By-Wire Antriebstopologien und aktiven Lenksystemen, Masterarbeit, Institut für Verbrennungsmotoren und Kraftfahrwesen, Stuttgart: Universität Stuttgart, 2018.

76. Lee, T.-G.; Huh, U.-Y.: An Error Feedback Model Based Adaptive Controller For Nonlinear Systems. In: IEEE; Hrsg. Proceedings of the IEEE International Symposium on Industrial Electronics (ISIE); 07.07.1997 - 11.07.1997, Piscataway, New Jersey: IEEE, 2002, S. 1095–1100.

77. Looman, J.: Zahnradgetriebe: Grundlagen, Konstruktionen, Anwendungen in Fahrzeugen. 3. Aufl., Berlin, Heidelberg: Springer-Verlag, 2009.

78. Lorenz, S.: Adaptive Regelung zur Flugbereichserweiterung des Technologiedemonstrators ARTIS, Zugl.: Dissertation, Technische Universität Braunschweig, 2010, Köln: Deutsches Zentrum für Luft- und Raumfahrt e.V., 2010.

79. Lunze, J.: Regelungstechnik 1: Systemtheoretische Grundlagen, Analyse und Entwurf einschleifiger Regelungen. 10. Aufl., Berlin: Springer Vieweg, 2014.

80. Lunze, J.: Regelungstechnik 2: Mehrgrößensysteme, Digitale Regelung. 8. Aufl., Berlin: Springer Vieweg, 2014.

81. Maree, J. P.; Imsland, L.; Jouffroy, J.: On convergence of the unscented Kalman–Bucy filter using contraction theory. International Journal of Systems Science, 2016, Jahrgang 47, Heft 8, S. 1816–1827.

82. Marler, R. T.; Arora, J. S.: Function-transformation methods for multiobjective optimization. Engineering Optimization, 2005, Jahrgang 37, Heft 6, S. 551–570.

83. Matschinsky, W.: Radführungen der Straßenfahrzeuge: Kinematik, Elasto-Kinematik und Konstruktion. 3. Aufl., Berlin, Heidelberg: Springer-Verlag, 2007.

84. Mattingley, J.; Boyd, S. P.: CVXGEN: a code generator for embedded convex optimization. Optimization and Engineering, 2012, Jahrgang 13, Heft 1, S. 1–27.

85. Mayne, D. Q.; Rawlings, J. B.; Rao, C. V.; Scokaert P. O. M.: Constrained model predicitve control: Stability and optimality. Automatica, 2000, Jahrgang 36, S. 789–814.

86. Mihailescu, A.: Effiziente Umsetzung von Querdynamik-Zieleigenschaften durch Fahrdynamikregelsysteme, Zugl.: Dissertation, Rheinisch-Westfälische Technische Hochschule Aachen, 2016, Aachen: fka Forschungsgesellschaft Kraftfahrwesen mbH, 2016.

87. Mitschke, M., Wallentowitz, H.: Dynamik der Kraftfahrzeuge. 5. Aufl., Wiesbaden: Springer Vieweg, 2014.

88. Mönnich, W.: Vorsteuerungsansätze für Modellfolgesysteme, Institutsbericht IB 111-1999/20, Braunschweig: Deutsches Zentrum für Luft- und Raumfahrt e.V., 1999.

89. Morrison, G.; Cebon, D.: Sideslip estimation for articulated heavy vehicles in low friction conditions. In: 2015 IEEE Intelligent Vehicles Symposium (IV); 28.06.2015 - 01.07.2015; Seoul, Piscataway, New Jersey: IEEE, 2015, S. 1601–1628.

90. Narendra, K. S., Annaswamy, A. M.: Stable adaptive Systems, Mineola, New York: Dover Publications, Inc., 2005.

91. Nelson, A. T.: Nonlinear estimation and modeling of noisy time-series by dual Kalman filtering methods, Dissertation, Oregon: Oregon Health & Science University, 2000.

92. Nguyen, M.-T.; Fridrich, A.; Janeba, A.; Krantz, W.; Neubeck, J.; Wiedemann, J.: Subjective testing of a torque vectoring approach based on driving characteristics in the driving simulator. In: Pfeffer, P.; Hrsg. 8th International Munich Chassis Symposium 2017, Wiesbaden: Springer Fachmedien, 2017, S. 271–287.

93. Nieuwenhuis, P., Wells, P. E.; Hrsg.: The global automotive industry, Chichester, West Sussex: Wiley, 2015.

94. Obermüller, A.: Modellbasierte Fahrzustandsschätzung zur Ansteuerung einer aktiven Hinterachskinematik, Zugl: Dissertation, Technische Universität München, 2012. 1. Aufl., Göttingen: Cuvillier Verlag, 2012.

95. Orend, R.: Integrierte Fahrdynamikregelung mit Einzelradaktorik: Ein Konzept zur Darstellung des fahrdynamischen Optimums, Zugl.: Dissertation, Universität Erlangen-Nürnberg, 2006, Aachen: Shaker, 2007.

96. Pacejka, H. B., Besselink, I.: Tire and vehicle dynamics. 3. Aufl., Amsterdam, Boston: Elsevier, 2012.

97. Pannek, J.; Worthmann, K.: Stability and performance guarantees for model predictive control algorithms without terminal constraints. Z. angew. Math. Mech., 2014, Jahrgang 94, Heft 4, S. 317–330.

98. Pfeffer, P. E.: Interaction of Vehicle and Steering System Regarding On-Centre Handling, Dissertation, Bath, UK: University of Bath, 2006.

99. Pfeffer, P. E., Harrer, M.; Hrsg.: Lenkungshandbuch: Lenksysteme, Lenkgefühl, Fahrdynamik von Kraftfahrzeugen. 2. Aufl., Wiesbaden: Springer Fachmedien, 2013.

100. Raković, S. V., Levine, W. S.; Hrsg.: Handbook of Model Predictive Control, Cham: Springer International Publishing, 2019.

101. Rawlings, J. B., Mayne, D. Q., Diehl, M. M.: Model predictive control: Theory, computation, and design. 2. Aufl., Madison, Wisconsin: Nob Hill Publishing, 2017.

102. Ray, L. R.: Nonlinear Tire Force Estimation and Road Friction Identification: Simulation and Experiments. Automatica, 1997, Jahrgang 33, Heft 10, S. 1819–1833.

103. Rezaeian, A.; Zarringhalam, R.; Fallah, S.; Melek, W. W.; Khajepour, A.; Chen, S.-K., Moshchuck, N.; Litkouhi, B.: Novel Tire Force Estimation Strategy for Real-Time Implementation on Vehicle Applications. IEEE Trans. Veh. Technol., 2015, Jahrgang 64, Heft 6, S. 2231–2241.

104. Riedel, A., Arbinger, R.: Subjektive und objektive Beurteilung des Fahrverhaltens von PKW, Frankfurt am Main: Forschungsvereinigung Automobiltechnik e.V., 1998.

105. Riekert, P.; Schunck, T. E.: Zur Fahrmechanik des gummibereiften Kraftfahrzeugs. Ingenieur-Archiv, 1940, Jahrgang 11, Heft 3, S. 210–224.

106. Rohrs, C. E.; Valavani, L.; Athans, M.; Stein, G.: Robustness of adaptive control algorithms in the presence of unmodeled dynamics, Cambridge: Cambridge University, 1982.

107. Rompe, K., Heißing, B.: Objektive Testverfahren für die Fahreigenschaften von Kraftfahrzeugen: Quer- und Längsdynamik; Erfahrungsbericht aus dem Institut für Verkehrssicherheit des TÜV Rheinland e.V., Köln: Verlag TÜV Rheinland, 1984.

108. Särkkä, S.: Bayesian Filtering and Smoothing, Cambridge, UK, New York: Cambridge University Press, 2013.

109. Savitzky, A.; Golay, M. J. E.: Smoothing and Differentiation of Data by Simplified Least Squares Procedures. Anal. Chem., 1964, Jahrgang 36, Heft 8, S. 1627–1639.

110. Schäfer, F.: Erweiterung und Implementierung einer integrierten, modellbasierten und adaptiven Fahrdynamikregelung hinsichtlich Regelgüte und Robustheit, Studienarbeit, Institut für Verbrennungsmotoren und Kraftfahrwesen, Stuttgart: Universität Stuttgart, 2018.

111. Schindler, E.: Fahrdynamik: Grundlagen des Lenkverhaltens und ihre Anwendung für Fahrzeugregelsysteme. In: Bartz, W. J.; Mesenholl, H.-J.; Wippler, E.; Hrsg. TAE Kontakt & Studium, Band 685. 2. Aufl., Renningen: Expert-Verlag, 2013.

112. Schramm, D., Hiller, M., Bardini, R.: Modellbildung und Simulation der Dynamik von Kraftfahrzeugen. 2. Aufl., Berlin, Heidelberg: Springer Berlin Heidelberg, 2010.

113. Shtessel, Y., Edwards, C., Fridman, L., Levant, A.: Sliding Mode Control and Observation, New York: Springer, 2014.

114. Sierra, C.; Tseng, E.; Jain, A.; Peng, H.: Cornering stiffness estimation based on vehicle lateral dynamics. Vehicle System Dynamics, 2006, Jahrgang 44, sup1, S. 24–38.

115. Simon, D.: Optimal State Estimation: Kalman, H-infinity and Nonlinear Approaches, Hoboken, New Jersey: John Wiley & Sons, Inc., 2006.

116. Singer, A.: Analyse des Einflusses elektrisch unterstützter Lenksysteme auf das Fahrverhalten im On-Center Handling Bereich moderner Kraftfahrzeuge, Zugl.: Dissertation, Universität Stuttgart, 2019, Wiesbaden: Springer Vieweg, 2019.

117. Slotine, J.-J. E.: Tracking Control of Nonlinear Systems Using Sliding Surfaces, Dissertation, Cambridge: Massachusetts Institute of Technology, 1983.

118. Slotine, J.-J. E.; The Robust Control of Robot Manipulators. The International Journal of Robotics Research, 1985, Jahrgang 4, Heft 2, S. 49–64.

119. Slotine, J.-J. E., Li, W.: Applied Nonlinear Control, Englewood Cliffs: Prentice Hall, 1991.

120. Smakman, H.; Köhn, P.; Vieler, H.; Krenn, M.; Odenthal, D.: Integrated Chassis Management – ein Ansatz zur Strukturierung der Fahrdynamikregelsysteme. In: 17. Aachener Kolloquium Fahrzeug- und Motorentechnik 2008, S. 673–686.

121. Stenlund, B.; Gustafsson, F.: Avoiding Windup in recursive parameter estimation. Lulea University of Technology; Linköping University, 2002.

122. Syrnik, R.: Untersuchung der fahrdynamischen Potenziale eines elektromotorischen Traktionsantriebs, Dissertation, München: Technische Universität München, 2015.

123. Tafner, R.; Reichhartinger, M.; Horn, M.: Robust Vehicle Roll Dynamics Identification based on Roll Rate Measurements. In: The International Federation of Automatic Control; Hrsg.; 23.10.2012 - 25.10.2012; Rueil-Malmaison, Laxenburg, Austria: IFAC Proceedings, 2012.

124. Trächtler, A.: Integrierte Fahrdynamikregelung mit ESP, aktiver Lenkung und aktivem Fahrwerk. at - Automatisierungstechnik, 2005, Jahrgang 53, 1-2005, S. 11–19.

125. Trächtler, A.; Verhagen, A.: Vehicle Dynamics Management - Verbund von aktiver Lenkung und aktivem Fahrwerk. In: Bargende, M., Wiedemann, J.; Hrsg. 5. Internationales Stuttgarter Symposium 2003: Kraftfahrwesen und Verbrennungsmotoren, Renningen: Expert-Verlag, 2003.

126. U.S. Department of Transportation - National Highway Traffic Safety Administration: Federal Motor Vehicle Safety Standards; Electronic Stability Control Systems; Controls and Displays, NHTSA–2007-27662, 2007, Washington.

127. Unbehauen, H.: Regelungstechnik II: Zustandsregelungen, digitale und nichtlineare Regelsysteme. 9. Aufl., Wiesbaden: Friedr. Vieweg & Sohn Verlag | GWV Fachverlage GmbH Wiesbaden, 2007.

128. Unbehauen, H.: Regelungstechnik I: Klassische Verfahren zur Analyse und Synthese linearer kontinuierlicher Regelsysteme, Fuzzy-Regelsysteme. 15. Aufl., Wiesbaden: Vieweg+Teubner Verlag | GWV Fachverlage GmbH, 2008.

129. Unterreiner, M.: Modellbildung und Simulation von Fahrzeugmodellen unterschiedlicher Komplexität, Dissertation, Duisburg: Universität Duisburg-Essen, 2013.

130. van der Merwe, R.: Sigma-Point Kalman Filters for Probabilistic Inference in Dynamic State-Space Models, Dissertation, Oregon: Oregon Health & Science University, 2004.

131. van Zanten, A. T.; Erhardt, R.; Pfaff, G.: Die Fahrdynamikregelung von Bosch. at - Automatisierungstechnik, 1996, Jahrgang 44, Heft 7, S. 359–365.

132. Vietinghoff, A. von: Nichtlineare Regelung von Kraftfahrzeugen in querdynamisch kritischen Fahrsituationen, Zugl.: Dissertation, Universität Karlsruhe, 2008, Karlsruhe: Universitätsverlag Karlsruhe, 2008.

133. Wagner, A.: Ein Verfahren zur Vorhersage und Bewertung der Fahrerreaktion bei Seitenwind, Zugl.: Dissertation, Universität Stuttgart, 2003, Renningen: Expert-Verlag, 2003.

134. Wan, E. A.; van der Merwe, R.: The unscented Kalman filter for nonlinear estimation. In: Haykin, S. S.; Hrsg. The IEEE 2000 Adaptive Systems for Signal Processing, Communications, and Control Symposium (AS-SPCC): 01.10.2000 - 04.10.2000, Alberta, Canada, Piscataway: IEEE, 2000, S. 153–158.

135. Winner, H., Hakuli, S., Lotz, F., Singer, C.; Hrsg.: Handbuch Fahrerassistenzsysteme: Grundlagen, Komponenten und Systeme für aktive Sicherheit und Komfort. 3. Aufl., Wiesbaden: Springer Vieweg, 2015.

136. Zeitz, M.: Observability canonical (phase-variable) form for non-linear time-variable systems. International Journal of Systems Science, 1984, Jahrgang 15, Heft 9, S. 949–958.

137. Zhao, Z.-G.; Zhou, L.-J.; Zhang, J.-T.; Zhu, Q.; Hedrick, J.-K.: Distributed and self-adaptive vehicle speed estimation in the composite braking case for four-wheel drive hybrid electric car. Vehicle System Dynamics, 2017, Jahrgang 55, Heft 5, S. 750–773.

Im Verlaufe der Anfertigung dieser Dissertation wurden mehr als 35 studentische Arbeiten betreut. Vor allem die unten aufgeführten Bachelor-, Studien- und Masterarbeiten leisteten wichtige Beiträge zum Gelingen der vorliegenden Arbeit. Ein herzlicher Dank gilt allen Studierenden für die hervorragende und freundschaftliche Zusammenarbeit.

- Butorin, V.: Referenzmodellgenerierung und -implementierung für die Fahrdynamikregelung. Masterarbeit, Stuttgart: Universität Stuttgart, 2018.
- Fieß, M.: Ganzheitliche, vernetzte Entwicklungsmethodik für innovative elektromotorische Fahrwerkkonzepte. Studienarbeit, Stuttgart: Universität Stuttgart, 2019.
- Keller, C. R.: Abschätzung der Reifenaufstandskräfte als Grundlage einer fahrsituationsabhängigen Antriebsmomentenverteilung am allradgetriebenen Elektrofahrzeug. Studienarbeit, Stuttgart: Universität Stuttgart, 2016.
- Knecht, K.: Weiterentwicklung einer modellprädiktiven Stellgrößenallokation für das Konzept einer integrierten, adaptiven Fahrdynamikregelung. Studienarbeit, Stuttgart: Universität Stuttgart, 2019.
- Lazouane, U.: Aktive Regelkonzepte für das Torque-Vectoring radindividuell angetriebener Elektrofahrzeuge basierend auf Sliding Mode Control. Forschungsarbeit, Stuttgart: Universität Stuttgart, 2017.
- Lazouane, U.: Adaptive und integrierte Fahrdynamikregelung für Fahrzeuge mit X-By-Wire Antriebstopologien und aktiven Lenksystemen. Masterarbeit, Stuttgart: Universität Stuttgart, 2018.
- Schäfer, F.: Erweiterung und Implementierung einer integrierten, modellbasierten und adaptiven Fahrdynamikregelung hinsichtlich Regelgüte und Robustheit. Studienarbeit, Stuttgart: Universität Stuttgart, 2018.
- Schwarz, P.: Stellgrößenverteilung überaktuierter Systeme mittels optimierungsbasierter Control Allocation in der Anwendung Fahrdynamikaufprägung unter den Aspekten Fahrsicherheit und Energieoptimalität. Bachelorarbeit, Stuttgart: Universität Stuttgart, 2017.
- Sureka, A.: Improvement of an existing Integrated Vehicle Dynamics Control System influencing an urban electric car. Masterarbeit, Stockholm: KTH Royal Institute of Technology, 2019.
- Xu, Z.: Energieeffizienz von radindividuell angetriebenen Elektrofahrzeugen. Forschungsarbeit, Stuttgart: Universität Stuttgart, 2017.
- Zhou, Z.: Implementierung eines Referenzmodells zur Regelung eines radindividuell angetriebenen Fahrzeugs. Studienarbeit, Stuttgart: Universität Stuttgart, 2017.

Anhang

A1. Parameter und Adaptionsvorschrift des Referenzmodells

Tabelle 4:   Parameter des Referenzmodells

Parameter	Zahlenwert, Einheit	Bedeutung
m_{ref}	2206 kg	Fahrzeugmasse
$J_{xx,ref}$	1000 kgm^2	Wankträgheitsmoment
$J_{zz,ref}$	3245 kgm^2	Gierträgheitsmoment
$l_{v,ref}$	1,38 m	Abstand von Schwerpunkt zur Vorderachse
$l_{h,ref}$	1,57 m	Abstand von Hinterachse zum Schwerpunkt
$z_{w,ref}$	0,492 m	Wankhebelarm
$c_{v,ref}$	120 000 N/rad	Achssteifigkeit der Vorderachse
$c_{h,ref}$	210 000 N/rad	Achssteifigkeit der Hinterachse
$c_{w,ref}$	144 545 Nm/rad	Wanksteifigkeit
$d_{w,ref}$	7500 Nms/rad	Wankdämpfung
$\hat{w}_{ref}$	0..1	Umschaltvariable der adaptiven Achssteifigkeiten
$c_{h,ref}^{sicher}$	100 000 N/rad	Achssteifigkeit der Hinterachse bei $\hat{w}_{ref} = 0$
$\hat{\xi}_{ref}$	1,75..2	Verhältnis der hinteren zu vorderen Achssteifigkeit
$\iota_{L,ref}$	15,975	Lenkübersetzungsverhältnis

Adaptionsvorschrift für hintere und vordere Achssteifigkeit des Referenzmodells $\hat{c}_{h,ref}$ und $\hat{c}_{v,ref}$ (in Anlehnung an Graf [38])

$$\hat{c}_{h,ref} = \hat{w}_{ref}(a_y)c_{h,ref} + \left(1 - \hat{w}_{ref}(a_y)\right)c_{h,ref}^{sicher},$$
Gl. A.1

$$\hat{c}_{v,ref} = \frac{\hat{c}_{h,ref}}{\hat{\xi}_{ref}(a_y)}.$$
Gl. A.2

© Der/die Herausgeber bzw. der/die Autor(en), exklusiv lizenziert durch
Springer Fachmedien Wiesbaden GmbH, ein Teil von Springer Nature 2020
A. G. Fridrich, *Ein integriertes Fahrdynamikregelkonzept zur Unterstützung des Fahrwerkentwicklungsprozesses*, Wissenschaftliche Reihe Fahrzeugtechnik
Universität Stuttgart, https://doi.org/10.1007/978-3-658-32274-8

Tabelle 5: Kennfeld der querbeschleunigungsabhängigen Umschaltvariablen $\hat{w}_{ref}$ und des Achssteifigkeitsverhältnisses $\hat{\xi}_{ref}$ des Referenzmodells

	Querbeschleunigung, m/s^2										
	0	1	2	3	4	5	6	7	8	9	10
$\hat{w}_{ref}$	1	1	1	1	0,99	0,96	0,9	0,825	0,68	0,45	0
$\hat{\xi}_{ref}$	1,75	1,75	1,75	1,75	1,75	1,792	1,833	1,875	1,917	1,958	2

A2. Ergebnisse der Auslegung von Referenzmodell und LEICHT-Fahrzeug

Tabelle 6: Mechanische Kenngrößen des LEICHT-Fahrzeugs

Kenngröße	Zahlenwert, Einheit
Fahrzeugmasse	1296,1 kg
Wankträgheitsmoment	511,59 kgm^2
Nickträgheitsmoment	2329,14 kgm^2
Gierträgheitsmoment	1951,04 kgm^2
Abstand von Schwerpunkt zur Vorderachse	1,246 m
Abstand von Hinterachse zum Schwerpunkt	1,254 m
Schwerpunkthöhe	0,492 m

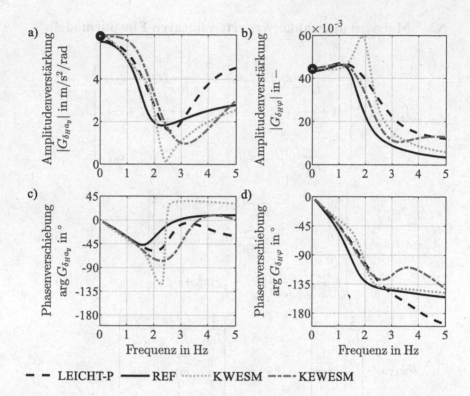

Abbildung 23: Übertragungsverhalten v. Querbeschleunigung und Wankwinkel als Reaktion auf eine Lenkradwinkeleingabe bei konst. Geschwindigkeit von 80 km/h; a), b) Amplitudenverstärkungen $|G_{\delta_H a_y}|$, $|G_{\delta_H \varphi}|$, c), d) Phasenverschiebungen arg $G_{\delta_H a_y}$, arg $G_{\delta_H \varphi}$

A3. Matrizen des wankerweiterten linearen Einspurmodells

$$
A_{WESM}(i, 1..2) = \begin{bmatrix} -\dfrac{1}{J_{zz}v}(\hat{c}_v l_v^2 + \hat{c}_h l_h^2) & -\dfrac{1}{J_{zz}}(\hat{c}_v l_v - \hat{c}_h l_h) \\[2ex] -1 + \dfrac{1}{mv^2}(-\hat{c}_v l_v + \hat{c}_h l_h) & -\dfrac{1}{mv}(\hat{c}_v + \hat{c}_h) \\[2ex] 0 & 0 \\[2ex] -\dfrac{\hat{z}_w}{J_{xx}v}(\hat{c}_v l_v - \hat{c}_h l_h) & -\dfrac{\hat{z}_w}{J_{xx}}(\hat{c}_v + \hat{c}_h) \end{bmatrix},
$$

$$
A_{WESM}(i, 3..4) = \begin{bmatrix} 0 & -\dfrac{\hat{z}_w}{v J_{zz}}(\hat{c}_v l_v - \hat{c}_h l_h) \\[2ex] 0 & -\dfrac{\hat{z}_w}{mv^2}(\hat{c}_v + \hat{c}_h) \\[2ex] 0 & 1 \\[2ex] -\dfrac{c_w}{J_{xx}} & -\dfrac{1}{J_{xx}v}\left((\hat{c}_v + \hat{c}_h)\hat{z}_w^2 + v d_w\right) \end{bmatrix}, i = 1..4, \qquad \text{Gl. A.3}
$$

$$
B_{WESM} = \begin{bmatrix} \dfrac{1}{J_{zz}} & 0 \\[2ex] 0 & \dfrac{1}{mv} \\[2ex] 0 & 0 \\[2ex] 0 & \dfrac{\hat{z}_w}{J_{xx}} \end{bmatrix}, \qquad E_{WESM} = \begin{bmatrix} \dfrac{1}{J_{zz}} & \dfrac{\hat{c}_v l_v}{J_{zz}} & \dfrac{-\hat{c}_h l_h}{J_{zz}} \\[2ex] 0 & \dfrac{\hat{c}_v}{mv} & \dfrac{\hat{c}_h}{mv} \\[2ex] 0 & 0 & 0 \\[2ex] 0 & \dfrac{\hat{c}_v \hat{z}_w}{J_{xx}} & \dfrac{\hat{c}_h \hat{z}_w}{J_{xx}} \end{bmatrix}
$$

A4. Ansatz zur Reduktion der Auslegungskomplexität des Zustands- und Parameterfilters

Die Komplexität der Auslegung des in Abschnitt 4.1.4 entwickelten Zustands- und Parameterfilters wird reduziert, indem die Schwimmdynamik nicht innerhalb des zustandserweiterten Filtermodells formuliert, sondern ausgelagert numerisch integriert wird. Dies entspricht einer verschwindenden Annahme des Prozessrauschens der Schwimmdynamikgleichung, d. h. $\frac{\hat{c}_v}{mv} w_{\delta_v} + \frac{\hat{c}_h}{mv} w_{\delta_h} + v_\beta = 0$. In Kapitel 5 wird deutlich, dass durch diesen Ansatz hinreichend gute Filtergüten erzielbar sind. Zur separaten Lösung der Schwimmdynamikgleichung werden neben den Eingangsgrößen der Filterung einerseits die gefilterten Parameter des Reglerentwurfsmodells $\hat{c}_v$, $\hat{c}_h$ und $\hat{z}_w$ benötigt und andererseits die Schätzzustände $\dot{\psi}$ und $\dot{\varphi}$. Eine Auslagerung der Schwimmdynamikberechnung außerhalb des Filters hat allerdings zur Folge, dass die Güte der Schwimmwinkelschätzung in Form der Wahrscheinlichkeitsverteilung des Schwimmwinkels nicht filterinhärent angegeben werden kann. Die Information über die Genauigkeit der Schwimmwinkelschätzung ist insbesondere für eine Schwimmdynamikregelung relevant.

A5. Beobachtbarkeit der Regelstrecke

Ziel der Zustands- und Parameterfilterung ist die stochastisch optimale Bestimmung der Zustände des nichtlinearen, zustandserweiterten Filtermodells aus Gl. 4.2. bis Gl. 4.7. Die Zustände des Filtermodells entsprechen den Zuständen und Parametern des adaptiven Reglerentwurfsmodells aus Abschnitt 4.1.3. Dabei muss gewährleistet sein, dass die in den Eingangsgrößen u_{UKF} und den Messgrößen g_{UKF} enthaltenen Informationen eine eindeutige Bestimmung der Zustände des Prozess- und Messmodells erlauben. Systemdynamisch ist die Bedingung zur Schätzung von Zustandsgrößen der Regelstrecke die Beobachtbarkeit des Systems. Beobachtbarkeit eines Systems bedeutet, dass aus der Kenntnis der Eingangs- und Ausgangsgrößen in einem endlichen Zeitintervall alle Anfangszustände des Systems eindeutig bestimmbar sind [2, 53].

Das Kriterium zum Nachweis der Beobachtbarkeit erfordert die zeitliche Differentiation der zustands- und eingangsabhängigen Messfunktion $h_{UKF}(x_{UKF}, u_{UKF})$ bis zur zeitlichen Ableitung der Ordnung $n_{UKF} - 1$, wobei n_{UKF} die Anzahl an Schätzzuständen darstellt [2, 17]. Die zeitlichen Ausgangsableitungen werden im Vektor q_{UKF} hinterlegt, das heißt

$$q_{UKF}\left(x_{UKF}, u_{UKF}, \dot{u}_{UKF}, ..., u_{UKF}^{(n_{UKF}-1)}\right)$$
$$= \left[h_{UKF}, \dot{h}_{UKF}, ..., h_{UKF}^{(n_{UKF}-1)}\right]. \qquad \text{Gl. A.4}$$

Eine Auflösbarkeit des Vektors q_{UKF} nach den Schätzzuständen x_{UKF} weist die Beobachtbarkeit des durch das Prozess- und Messmodell in Gl. 4.2 und Gl. 4.5 beschriebenen Systems theoretisch nach [2], führt allerdings im Fall des in dieser

Arbeit beschriebenen Schätzersystems analytisch zu einer leeren Menge. Daher liegt die allgemeine Systemeigenschaft der Beobachtbarkeit nicht vor.

Die sogenannte schwache Beobachtbarkeit [2] setzt im Gegensatz zur allgemeinen Beobachtbarkeit ein Wissen um die Umgebung des Anfangszustandsvektors des Filtermodells voraus. Da die Initialisierung des Filters auf Basis von realistischen Annahmen erfolgt und daher die Umgebung der Anfangszustände als bekannt vorauszusetzen sind, wird auf Basis des Prozess- und Messmodells der Filterung aus Abschnitt 4.1.4 der Beweis der schwachen Beobachtbarkeit geführt. Der Nachweis der schwachen Beobachtbarkeit gelingt durch eine Ranguntersuchung der Zustands-Jacobi-Matrix des Vektors q_{UKF} [2, 17], die der Anzahl an Filtermodellzuständen n_{UKF} zu entsprechen hat, das heißt

$$
\mathrm{rang}\left(Q_{UKF}\left(x_{UKF}, u_{UKF}, \dot{u}_{UKF}, \dots, u_{UKF}^{(n_{UKF}-1)} \right) \right)
$$
$$
= \mathrm{rang}\left(\frac{\partial q_{UKF}\left(x_{UKF}, u_{UKF}, \dot{u}_{UKF}, \dots, u_{UKF}^{(n_{UKF}-1)} \right)}{\partial x_{UKF}} \right) \overset{!}{=} n_{UKF}. \qquad \text{Gl. A.5}
$$

Der symbolisch in der Matlab®-Umgebung durchgeführte Nachweis der schwachen Beobachtbarkeit für das Filterproblem in Gl. 4.2 und Gl. 4.5 gelingt, soll aber aus Darstellungsgründen der (30x6)-großen Beobachtbarkeitsmatrix Q_{UKF} nicht explizit aufgeführt werden. Für alle betrachteten Filter- bzw. Reglerentwurfsmodelle der Abschnitte 5.2 und 5.3 mit einer unterschiedlichen Zahl an Zustands-, Parameter- und Messgrößen ist eine schwache Beobachtbarkeit gegeben. Zu beachten gilt, dass die Beobachtbarkeit nichtlinearer Systeme eingangs- und zustandsabhängig ist [136]. Daher können Zustände und Eingänge existieren, hinsichtlich derer eine schwache Beobachtbarkeit der Regelstrecke nicht gewährleistet ist. Eine Laufzeituntersuchung der schwachen Beobachtbarkeit kann dies identifizieren. Zu Zeitpunkten nichtgegebener, schwacher Beobachtbarkeit ist ein Aussetzen der Parameteradaption des Filters über ein Herabsetzen der Kovarianzen der Adaptionsparameter sinnvoll. Gleichzeitig sollte ein Regelanteil auf die geschätzten, zu regelnden Systemgrößen ausgesetzt oder abgemildert werden und die Systemgröße geeignet prädiziert werden. Dies kann durch die Annahme eines zeitlich unveränderlichen Filterzustands erfolgen.

A6. Steuerbarkeit der Regelstrecke

Die Erfüllung des Modellfolgeproblems zur integrierten Fahrdynamikregelung setzt die omnidirektionale Steuerbarkeit der über die Sollvorgabe des Referenzmodells definierten Systemgrößen der Regelstrecke durch die Aktoren voraus. Die omnidirektionale Steuerbarkeit beschreibt die systemdynamische Eigenschaft, dass die zu beeinflussenden Systemgrößen durch die Stellgrößen der Regelstrecke ohne Berücksichtigung von Begrenzungen einem beliebig vorgebbaren Sollvektor folgen können [2]. Die modulare Funktionsseparation in ein Steuer- und Regelgesetz auf Basis virtueller Stellgrößen und eine modellprädiktive Stellgrößenallokation zur Realisierung dieser virtuellen Stellgrößen durch die Aktoren der Regelstrecke erfordert die holistische Betrachtung der Steuerbarkeit. Das heißt, es müssen sowohl die Dynamik der Regelstrecke durch die virtuellen Stellgrößen als auch die virtuellen Stellgrößen durch die realen Aktorstellgrößen zu erzeugen sein. Der Nachweis der Steuerbarkeit verlangt ein mathematisches Modell der Regelstrecke. Dieses ist für den Querdynamikreglerentwurf auf Basis der virtuellen Stellgrößen duch das adaptive, lineare Reglerentwurfsmodell aus Gl. 4.1 gegeben. Hinsichtlich der modellprädiktiven Stellgrößenallokation wird für den Steuerbarkeitsnachweis der Summand der Primärziele innerhalb der Zielfunktion betrachtet, vgl. Gl. 4.14 und Gl. 4.17. Dieser beschreibt die physikalische Erzeugung von Kräften und Momenten auf den Fahrzeugschwerpunkt durch die (adaptiven) Reifenkraftmodelle der Reglerentwurfsmodelle, vgl. Gl. 4.1.

Betrachtet man das Modul des Steuer- und Regelgesetzes, so ist die omnidirektionale Steuerbarkeit der Querdynamik durch das virtuelle Giermoment M_z^{virt} und die virtuelle Seitenkraft F_y^{virt} als Eingangsgrößen des adaptiven, linearen Reglerentwurfsmodells zu erfüllen, vgl. Gl. 4.1. Für lineare Systeme liegt omnidirektionale Steuerbarkeit der Ausgänge genau dann vor, wenn die ausgangsselektierte Eingangsmatrix quadratisch ist und vollen Rang hat [2, 80]. Die zu steuernden Ausgänge stellen in dieser Arbeit die Gierrate $\dot{\psi}$ und der Schwimmwinkel β dar. Die Ausgangsmatrix $C_{S,WESM}$, mit

$$C_{S,WESM} = \begin{bmatrix} 1 & 0 & 0 & 0 \\ 0 & 1 & 0 & 0 \end{bmatrix} \qquad \text{Gl. A.6}$$

bildet die Systemzustände der Gierrate und des Schwimmwinkels linear auf die zu steuernden Systemausgänge $y_{S,WESM}$ ab, d. h.

$$y_{S,WESM} = C_{S,WESM}\, x_{WESM} = \begin{pmatrix} \dot{\psi} \\ \beta \end{pmatrix}. \qquad\qquad \text{Gl. A.7}$$

Der Ausgangsvektor $y_{S,WESM}$ beschreibt die Querdynamik eines Fahrzeugs vollständig. Die omnidirektionale Ausgangssteuerbarkeit ergibt sich aus der Ranguntersuchung der quadratischen Matrix

$$C_{S,WESM}\, B_{WESM} = \begin{bmatrix} \dfrac{1}{J_{zz}} & 0 \\ 0 & \dfrac{1}{mv} \end{bmatrix}. \qquad\qquad \text{Gl. A.8}$$

Da die Matrix aus Gl. A.8 quadratisch ist und für physikalisch sinnvolle Werte und einer nichtverschwindenden Geschwindigkeit vollen Rang aufweist, liegt omnidirektionale Ausgangssteuerbarkeit [2, 80] bezüglich der Gier- und Schwimmdynamik durch das virtuelle Giermoment und die virtuelle Querkraft vor.

Die Steuerbarkeit der Fahrzeuglängsdynamik durch eine virtuelle Längskraft F_x^{virt} ist gegeben. Die omnidirektionale Steuerbarkeit der virtuellen Stellgrößen durch die Aktoren der Regelstrecke ist abweichend von der Vollaktuierung bei Vorhandensein mindestens einer Aktivlenkung und mindestens eines unabhängigen antreibenden und bremsenden Radmomentaktors an je einer Spur des Fahrzeugs erfüllt [64, 86, 95]. Alternativ ist die omnidirektionale Steuerbarkeit bei zwei Aktivlenkungssystemen und einem unabhängigen Radmoment gegeben, vgl. Gl. 4.15, Gl. 4.17.

A7. Herleitung des Querdynamikregelgesetzes

Innerhalb dieses Abschnitts wird das robuste Regelgesetz der Querdynamik auf Grundlage der Sliding Mode-Regelung hergeleitet. Dieses basiert auf dem adaptiven, linearen Reglerentwurfsmodell aus Gl. 4.1 und den Informationen über die Genauigkeit des adaptiven Modells aus der in Abschnitt 4.1 beschriebenen Zustands- und Parameterfilterung. Das holistische Steuer- und Regelgesetz setzt sich additiv aus einem adaptiven Vorsteueranteil $\hat{u}_{st}$, und einem robusten Regelanteil u_{rob} zusammen.

Der adaptive Vorsteueranteil $\hat{u}_{st}$ [113] errechnet sich aus der Bedingung, dass sich die Gleitvariable bzw. der Vektor der Gleitvariablen der geregelten Systemgrößen s zeitlich nicht mehr ändern soll, sobald die jeweilige Gleithyperebene erreicht ist. Mathematisch heißt dies, dass die zeitliche Ableitung $\dot{s}$ verschwindet [113], also

$$\dot{s} = \dot{y}_{S,WESM} - \dot{y}_{ref} = \begin{bmatrix} \ddot{\psi} - \ddot{\psi}_{ref} \\ \dot{\beta} - \dot{\beta}_{ref} \end{bmatrix} \overset{!}{=} 0. \qquad \text{Gl. A.9}$$

Das Steuergesetz wird unter der Annahme hergeleitet, dass die reale Regelstrecke dem adaptiven, linearen Reglerentwurfsmodell hinsichtlich der Querdynamik äquivalent ist. Wird die durch die Ausgangsmatrix $C_{S,WESM}$ aus Gl. A.6 selektierte Dynamik des adaptiven Reglerentwurfsmodells aus Gl. 4.1 in Gl. A.9 eingesetzt und nach der Stellgröße $\hat{u}_{st}$ umgeformt, erhält man

$$\hat{u}_{st} = (C_S B)^{-1}_{WESM} \{ \dot{y}_{ref} - (C_S A x)_{WESM} - (C_S E z)_{WESM} \}. \qquad \text{Gl. A.10}$$

Das adaptive Steuergesetz führt zu einer Entkopplung von Ein- und Ausgangsgrößen und erlaubt damit die Ausgangsgrößen unabhängig voneinander zu beeinflussen. Die Ein-/ Ausgangsentkopplung wird dadurch erreicht, dass man voneinander unabhängige Gleithyperebenen definiert (vgl. Gl. A.9), auf denen sich die voneinander unabhängigen Gleitvariablen der durch das Steuergesetz in Gl. A.10 gesteuerten Systemausgänge befinden.

Das in Gl. A.10 auf Grundlage der Theorie der Sliding Mode-Regelung abgeleitete Steuergesetz entspricht der klassischen Modellfolgesteuerung [21]. Hinsichtlich dieser ist eine Verwendung der Referenzmodellgrößen für die zu steuernden Systemzustände möglich, wenn eine Systemgleichheit zwischen Regelstrecke und Referenzmodell bezüglich der Zustandsgrößen vorherrscht [88]. Mönnich [88] beschreibt, dass ein allgemeingültiger Nachweis der Systemgleichheit nicht existiert. Durch eine hohe Filtergüte der Zustände Gierrate und Schwimmwinkel kann eine Systemgleichheit von Reglerentwurfsmodell und Regelstrecke approximativ geschlussfolgert werden. Aufgrund identischer Komplexität von Referenz- und Reglerentwurfsmodell wird daher die Mönnich'sche Bedingung für das adaptive, wankerweiterte lineare Einspurmodell als erfüllt betrachtet. Wird das Referenzmodell so gewählt, dass die Referenzdynamik von der Regelstrecke umgesetzt werden kann, wird wie in Lorenz [78] von einer Zulässigkeit der Verwendung der Referenzgrößen im Steuergesetz ausgegangen. Im Falle einer negativ beeinflussten Steuergüte ist die direkte Verwendung der Referenzgierrate und des Referenzschwimmwinkels im Steuergesetz aus Gl. A.10 zu überprüfen.

Das Steuergesetz in Gl. A.10 bestimmt virtuelle Stellgrößen. Diese virtuellen Stellgrößen werden nachgelagert durch die modellprädiktive Stellgrößenallokation auf die realen Aktorstellgrößen aufgeteilt. Das heißt, bei der Berechnung der virtuellen Stellgrößen im Steuergesetz sind die realen Aktoren als inaktiv zu betrachten. Es wird somit für die als Störgrößen z_{WESM} modellierten realen Aktorstellgrößen im Steuergesetz lediglich der durch die Lenkradbewegung des Fahrers induzierte Achslenkwinkel $\delta_{v,F}$ an der Vorderachse berücksichtigt. Ein durch Torque Vectoring generiertes Giermoment $M_{z,TV}$ oder zusätzliche Überlagerungsvorderachs- oder Hinterachslenkwinkel $\delta_{v,VAL}$ und δ_h müssen als verschwindend angenommen werden. Der fahrerinduzierte Achslenkwinkel ergibt sich aus dem Drehwinkel des Sonnenrades φ_{sr} des Wellgetriebes. Dieser Winkel kann aus der Willis'schen Grundgleichung ermittelt werden, die die Kinematik des Wellgetriebes zur Vorderachsüberlagerung mathematisch beschreibt [47]. Die Gleichung stellt den Zusammenhang zwischen den Drehwinkeln bzw. deren zeitlichen Ableitungen des elliptischen Wellengenerators φ_{wg}, des Sonnenrades φ_{sr} und des Hohlrades φ_{hr} bei einer Übersetzung ι_{HD} des Wellgetriebes her [77], mit

$$\left(\frac{d}{dt}\right)^i \left[\varphi_{wg} + \iota_{HD}\,\varphi_{sr} - (\iota_{HD} + 1)\,\varphi_{hr}\right] = 0, \qquad \text{für } i \in \mathbb{N}. \qquad \text{Gl. A.11}$$

Da die Hohlradverdrehung φ_{hr} durch einen Ritzelwinkelsensor und der Wellgeneratordrehwinkel φ_{wg} vom Überlagerungsaktor serienmäßig erfasst werden [57, 99], lässt sich die Verdrehung des Sonnenrades φ_{sr} aus der Willis'schen Grundgleichung ermitteln. Der fahrerinduzierte Achslenkwinkel $\delta_{v,F}$ ergibt sich mit dem Verdrehwinkel des Sonnenrads und der Definition der für den Vorderachslenkaktor gültigen Übersetzung ι_{VAL} aus Gl. A.31 zu

$$\delta_{v,F} = \varphi_{sr}\,\frac{\iota_{HD}}{\iota_{VAL}}. \qquad \text{Gl. A.12}$$

Ein Beweis zur Konvergenz auf die in Gl. 4.13 beschriebenen ausgangsindividuellen Grenzschichten findet sich nachfolgend. Insbesondere wird die Existenz eindeutiger Lösungen der Verstärkungsmatrix $\boldsymbol{K}_{rob}$ diskutiert.

A8. Beweis der Robustheit des Regelgesetzes

Der Beweis der Robustheit des Regelgesetzes in Gl. 4.9, Gl. 4.10, Gl. 4.11 erfolgt auf Basis der Stabilitätstheorie nach Lyapunov [113, 119]. Zu zeigen ist, dass sich die Gleitvariablen s_i in endlicher Zeit in der durch Gl. 4.13 beschriebenen Regelgrenzschicht aufhalten. Innerhalb dieser Grenzschicht stimmt die Gier- und Schwimmdynamik der Regelstrecke unter Berücksichtigung von Modellunsicherheiten und Störungen nicht bestmöglich mit der Referenzdynamik überein, wie es mit einem diskontinuierlichen Regelanteil der Falle wäre [119]. Allerdings ergibt sich durch die Verwendung des kontinuierlichen Regelanteils aus Gl. 4.11 mit der in Gl. 4.12 definierten Saturierungsfunktion ein Verlauf der virtuellen Stellgrößen, der den Chattering-Effekt vermeidet und damit den Randbedingungen der Bandbreite der Aktorstellgrößen gerecht wird [118, 119]. Durch geeignete Wahl der Regeltotzonen der Saturierungsfunktion $d_{tot,i}$ und deren reziproker Steigungen $\phi_{sat,i}$ ist ein optimaler Kompromiss zwischen einer Vermeidung von Chattering und damit auch einem energetisch akzeptablem Stellgrößenverlauf, Robustheit gegenüber Störgrößen und Modellunsicherheiten und einer positiven Subjektivbewertung durch den Fahrer möglich.

Der Beweis der Robustheit des Regelgesetzes gegenüber Modellunsicherheiten und Störungen erfordert die Definition der Hilfsgleitvariablen $s_{\Delta,i}$ bezüglich der Systemausgänge $i = \{\dot{\psi}, \beta\}$, mit

$$s_{\Delta,i} = \begin{cases} \dfrac{s_i - sgn(s_i) \cdot (d_{tot,i} + \phi_{sat,i})}{\phi_{sat,i}} & \text{für } |s_i| > d_{tot,i} + \phi_{sat,i} \\ 0 & \text{für } |s_i| \leq d_{tot,i} + \phi_{sat,i}. \end{cases} \qquad \text{Gl. A.13}$$

Eine Darstellung der Hilfsgleitvariablen $s_{\Delta,i}$ und der im Regelgesetz verwendeten Saturierungsfunktion sat_{tot} ist in Abbildung 24 gegeben. Die systemausgangsindividuellen Lyapunovfunktionen werden zu

$$V_{s_{\Delta,i}} = \frac{1}{2} s_{\Delta,i}{}^2 \qquad \text{Gl. A.14}$$

gewählt. Ergibt sich für die zeitliche Ableitung der radial unbeschränkten Lyapunovfunktionen eine negativ definite Funktion, so sind $s_{\Delta,i} = 0$ global asymptotisch stabil [2, 113, 119]. Damit geht eine asymptotische Konvergenz der systemausgangsindividuellen Gleitvariablen s_i in ihre jeweilige Grenzschicht einher, vgl.Gl. 4.13. Die zeitliche Ableitung der Lyapunovfunktionen resultiert in

$$\dot{V}_{s_{\Delta,i}} = s_{\Delta,i}\dot{s}_{\Delta,i} = \begin{cases} \dfrac{s_{\Delta,i}\dot{s}_i}{\phi_{sat,i}} \text{ für } |s_i| > d_{tot,i} + \phi_{sat,i} \\ \quad 0 \text{ für } |s_i| \leq d_{tot,i} + \phi_{sat,i}. \end{cases} \qquad \text{Gl. A.15}$$

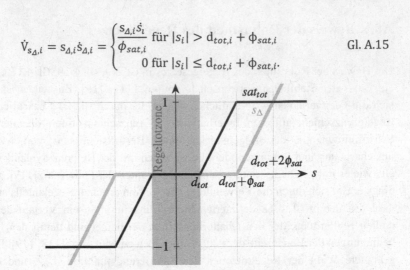

Abbildung 24: Saturierungsfunktion sat_{tot} und Hilfsgleitvariable s_Δ des robusten Regelgesetzes (s: Gleitvariable/ Regelfehler, d_{tot}: Regeltotzone, ϕ_{sat}: Reziproke Steigung)

Der mathematische Ansatz zur Beschreibung der Parameterunsicherheit der ausgangsselektierten Eingangsmatrix wird durch

$$C_{S,WESM}B = (I_{2x2} + \Delta)(C_S B)_{WESM}, \qquad \text{Gl. A.16}$$

$$|\Delta_{ij}| \leq D_{ij} \text{ für } i,j = 1,2 \qquad \text{Gl. A.17}$$

beschrieben [119]. In Gl. A.16 bezeichnet I_{2x2} die diagonale Einheitsmatrix zweiter Dimension. Dabei wird vorausgesetzt, dass die wahre, ausgangsselektierte Eingangsmatrix $C_{S,WESM}B$ kontinuierlich abhängig von parametrischen Unsicherheiten als auch invertierbar ist [119] und damit das nominelle Reglerentwurfsmodell omnidirektional steuerbar ist, vgl. Anhang A6. Gl. A.16 beschreibt eine Begrenzung der Wirkung der virtuellen Stellgrößen auf die Systemdynamik über die Matrix Δ gemäß Gl. A.17.

Durch Einsetzen der zeitlichen Ableitung des Vektors der originalen Gleitvariablen $\dot{s}_i$ ergibt sich mit der Definition der Gleitvariablen in Gl. 4.8, den Regelgesetzen aus Gl. 4.9 bis Gl. 4.12 und der Berücksichtigung der Dynamikfehler des Reglerentwurfsmodells und dessen parametrischen Unsicherheiten der

Eingangsfunktion aus Gl. A.16 für den Gleitvariablenbereich außerhalb der Grenzschichten

$$
\dot{V}_{s_{\Delta,i}} = \frac{s_{\Delta,i}}{\phi_{sat,i}} \Bigg\{ \dot{y}_{S,i}(\boldsymbol{u}=0) - \dot{y}_{S,WESM,i}(\boldsymbol{u}=0)
$$

$$
+ \sum_{j=1}^{2} \Delta_{ij} \left(\dot{y}_{ref,i} - \dot{y}_{S,WESM,j}(\boldsymbol{u}=0) \right)
$$

$$
- \sum_{j \neq i} \Delta_{ij}\, K_{rob,jj}\, sat_{tot} \left(\frac{s_j - d_{tot,j}}{\phi_{sat,j}} \right)
$$

$$
- (1 + \Delta_{ii})\, K_{rob,ii}\, sat_{tot} \left(\frac{s_i - d_{tot,i}}{\phi_{sat,i}} \right) \Bigg\},
$$

Gl. A.18

vgl. Slotine und Li [119]. Um eine globale Konvergenz der Gleitvariablen in ihre jeweilige Grenzschicht in endlicher Zeit zu garantieren, wird die Gleitbedingung [113] formuliert zu

$$
\dot{V}_{s_{\Delta,i}} \leq - \sqrt{2 V_{s_{\Delta,i}}} \cdot \gamma_i, \text{mit } \gamma_i > 0.
$$

Gl. A.19

Bei Erfüllung der Gleichung Gl. A.19 ergibt sich nach Shtessel et al. [113] eine durch den positiven Parameter γ_i einstellbare Konvergenzzeit auf die Hilfsgleit-ebenen $s_{\Delta,i} = 0$ bzw. das Erreichen der Regelgrenzschichten der originalen Gleitvariablen s_i von

$$
T_{s_{\Delta,i}=0} = \frac{\left| s_{\Delta,i}(t=0) \right|}{\gamma_i}.
$$

Gl. A.20

Neben der Begrenzung der Wirkung der virtuellen Stellgrößen auf die Systemdy-namik über die Matrix $\boldsymbol{\Delta}$ gemäß Gl. A.17 wird auch die Beschränktheit des Feh-lers der homogenen Systemdynamik gefordert. Dazu wird eine Auslegungs-methode vorgestellt, die auf den Informationen über die Güte des adaptiven Reglerentwurfsmodells beruht. Die Auslegung erfordert eine Schranke für den Dynamikfehler f_{rob} zwischen Regelstrecke und Reglerentwurfsmodell bei ver-schwindender Systemanregung durch die virtuellen Stellgrößen, d.h.

$$
\left| \dot{\boldsymbol{y}}_S(\boldsymbol{u}=0) - \dot{\boldsymbol{y}}_{S,WESM}(\boldsymbol{u}=0) \right| \leq f_{rob}.
$$

Gl. A.21

Dabei beschreibt der Term $\dot{y}_{S,WESM}$ die angenommene, nominelle Dynamik der geregelten Systemausgänge auf Basis des Reglerentwurfsmodells, die eine stochastisch optimale Abbildung der tatsächlichen Dynamik der zu regelnden Systemausgänge $\dot{y}_S$ darstellt. Zur Bestimmung des homogenen Dynamikfehlers in Gl. A.21 können die Informationen des UKF in Form der Fehlerkovarianzmatrix verwendet werden. Diese Matrix quantifiziert, mit welcher statistischen Verteilung der in Gl. 4.1 formulierten geschätzten Parameter und Zustände die realen Systemgrößen abgebildet werden [61]. Der Echtzeitalgorithmus des UKF ermittelt zu jedem diskreten Zeitschritt die Fehlerkovarianzmatrix. Es wird ein Konfidenzintervallfaktor k_σ eingeführt, der den Multiplikanden der Fehlerkovarianzen σ_i der Schätzgrößen darstellt. Mit dem Konfidenzintervallfaktor k_σ wird das Vertrauensintervall der zu regelnden Systemgrößen der Regelstrecke definiert, das als hinreichend wahrscheinlich zur Auslegung der Sliding Mode-Regelung gilt. Auf Basis der für den Regelungszweck hinreichenden Vertrauensintervalle der Systemzustände der Regelstrecke wird die Schranke der Dynamikfehler f_{rob} auf Basis des Reglerentwurfsmodells aus Gl. 4.1 bestimmt zu

$$\left|\left(C_S A_{k_\sigma} x_{k_\sigma} + C_S E_{k_\sigma} z_{k_\sigma}\right) - \left(C_S A x + C_S E z\right)\right|_{WESM} \leq f_{rob}. \qquad \text{Gl. A.22}$$

In Gl. A.22 werden die in den mit dem Index k_σ gekennzeichneten Matrizen und Vektoren enthaltenen geschätzten Parameter und Zustände innerhalb des durch den Konfidenzintervallfaktor k_σ festgelegten Vertrauensbereichs so gewählt, dass der Fehler der Regelstrecke zum stochastisch optimalen Reglerentwurfsmodell maximal ist. Dadurch können die vom UKF bereitgestellten Informationen über die Güte des geschätzten Modells bezüglich des realen Systems für die robuste Reglerauslegung genutzt werden.

Werden in die Gleitbedingung in Gl. A.19 die ausgangsspezifischen Lyapunovfunktionen aus Gl. A.14 mit Gl. A.13 und deren zeitliche Ableitungen aus Gl. A.18 eingesetzt, so ergibt sich mit Gl. A.21

$$(1 - D_{ii})K_{rob,ii} - \sum_{j \neq i} D_{ij} K_{rob,jj}$$

$$\geq f_{rob,i} + \sum_{j=1}^{2} D_{ij} \left| \dot{y}_{ref,i} - \dot{y}_{S,WESM,j}(\boldsymbol{u} = \boldsymbol{0}) \right| + \phi_{sat,i} \cdot \gamma_i \qquad \text{Gl. A.23}$$

$$=: R_{HS,i},$$

wobei der Vektor R_{HS} aus nichtnegativen Elementen besteht. Gl. A.23 liegen folgende (Un-)Gleichungen zugrunde

$$s_{\Delta,i}\, sat_{tot} \left(\frac{s_j - d_{tot,j}}{\phi_{sat,j}} \right) \leq |s_{\Delta,i}|, \qquad \text{Gl. A.24}$$

$$s_{\Delta,i}\, sat_{tot} \left(\frac{s_i - d_{tot,i}}{\phi_{sat,i}} \right) = |s_{\Delta,i}|. \qquad \text{Gl. A.25}$$

Formuliert man Gl. A.23 in Matrixform mit der sich aus den Elementen D_{ij} zusammensetzenden quadratischen, nichtnegativen Matrix D, ergibt sich eine eindeutige Lösung für die im Vektor k_{rob} zusammengefassten Diagonalelemente der Diagonalmatrix K_{rob} durch Lösen der Vektorgleichung

$$(I_{2x2} - D)k_{rob} = R_{HS}. \qquad \text{Gl. A.26}$$

Gl. A.26 hat nach dem Frobenius-Perron-Theorem für den Vektor der Reglerverstärkungsfaktoren k_{rob} genau eine Lösung, die nichtnegativ ist, wenn der größte reale nichtnegative Eigenwert der Matrix D kleiner als 1 ist [119]. Dies ist durch die Annahmen bezüglich der Eingangsmatrix in Gl. A.16 und Gl. A.17 gegeben [119].

Zusammenfassend führt das Regelgesetz aus Gl. 4.8 bis Gl. 4.12 mit geeignet zu wählenden Reglerverstärkungen $K_{rob,ii}$ außerhalb der Regelgrenzschichten der originalen Gleitvariablen s_i in endlicher Zeit zu verschwindenden Hilfsgleitvariablen $s_{\Delta,i} = 0$. Aufgrund der Definition der Hilfsgleitvariablen wird damit gezeigt, dass die Grenzschichten der originalen Gleitvariablen global attraktiv sind. Das heißt, dass trotz Modellunsicherheiten und Störungen die Gleitvariablen von einem beliebigen Anfangszustand $s_i(0)$ in ihre Regelgrenzschicht $d_{tot,i} + \phi_{sat,i}$ gelangen, auf denen die Systemdynamik der Regelstrecke maximal den betraglichen Fehler der Regelgrenzschichten zu der Referenzdynamik aufweist. Auf diese Weise wird ein optimaler Kompromiss aus Modellfolgegüte und der Berücksichtigung der Stellgrößenbandbreite erzielt [118].

A9. Prädiktionsmodell der Zusatzachslenkwinkel und Reifenlängskräfte

Die Dynamik der Zusatzachslenkwinkel und Reifenlängskräfte wird als lineares PT2-Übertragungsglied [79] formuliert, das durch die lineare gewöhnliche Differentialgleichung zweiter Ordnung mit Eingang u und Zustand x beschrieben werden kann durch

$$\tau_{2,i}\,\ddot{x}_i + \tau_{1,i}\,\dot{x}_i + \tau_{0,i}\,x_i = \chi_{0,i}\,u_i, \text{für } i = 1(1)6.$$

Gl. A.27

In Gl. A.27 stellen die Koeffizienten $\tau_{2,i}$, $\tau_{1,i}$, $\tau_{0,i}$ und $\chi_{0,i}$ die Gewichte der Differentialglieder für die Dynamik der sechs Aktorfreiheitsgrade der Vollaktuierung dar. Die Koeffizienten dienen als Parameter zur Beschreibung des dynamischen Aufbaus des Zusatzachslenkwinkels $\Delta\delta_{VAL}$, des Hinterachslenkwinkels δ_{HAL} und der Radlängskräfte $F_{x,ij}$ aufgrund des jeweiligen Aktoreinganges. Zur zweckmäßigen Formulierung des PT2-Prädiktionsmodells im Zustandsraum ist die Einführung eines erweiterten Vektors der Aktorwirkzustände $\overline{x}_A$ erforderlich, der sowohl die in Gl. 4.16 zusammengefassten Aktorwirkzustände x_A als auch deren zeitliche Ableitungen beinhaltet, das heißt, in einer für alle Radlängskräfte gültigen, abgekürzten Schreibweise

$$\overline{x}_A = \left[\Delta\delta_{VAL}, \dot{\Delta\delta}_{VAL}, \delta_{HAL}, \dot{\delta}_{HAL}, F_{x,VL}, \dot{F}_{x,VL}, \dots\right]^T.$$

Gl. A.28

Die Dynamikmatrix $A_{MPSA} \in \mathbb{R}^{12\times12}$ des Prädiktionsmodells aus Gl. 4.14 lässt sich als Blockdiagonalmatrix mit den aktorspezifischen, quadratischen Blockmatrizen $A_{MPSA,l} \in \mathbb{R}^{2\times2}$ formulieren, wobei

$$A_{MPSA,i} = \begin{bmatrix} 0 & 1 \\ -\dfrac{\tau_{0,i}}{\tau_{2,i}} & -\dfrac{\tau_{1,i}}{\tau_{2,i}} \end{bmatrix}, A_{MPSA} = diag\left(A_{MPSA,i}\right), \text{für } i = 1(1)6.$$

Gl. A.29

Die Eingangsmatrix $B_{MPSA} \in \mathbb{R}^{12\times6}$ beinhaltet hinsichtlich der Überlagerungslenkung an der Vorderachse die Wellgetriebeübersetzung $1/(\iota_{HD} + 1)$ zwischen dem aktorausgangsseitigen Wellengenerator und dem Hohlrad des Wellgetriebes, welches über die starr modellierte Ritzelwelle und die kinematische Eingriffsbedingung des Ritzels in die Zahnstange mit dem effektiven Ritzelradius $r_{r,VAL}$ eine Zusatzbewegung der Zahnstange bewirkt. Über das Kennfeld des Vorderachslenkwinkels in Abhängigkeit der Zahnstangenposition $\delta_v(s_{VAL})$ und der partiellen Ableitung des Vorderachslenkwinkels nach der Zahnstangenposition $\partial\delta_v(s_{VAL})/\partial s_{VAL}$ wird insgesamt die Beschreibung der Aktorwirkung auf den Zusatzachslenkwinkel an der Vorderachse erreicht [72]. Die Ableitung des Kennfelds erfolgt durch lineare numerische Differentiation auf Basis einer ausreichenden Anzahl an Diskretisierungsstellen. Für die Hinterachslenkung ist eine Umrechnung der Hubstangenposition in den induzierten Achslenkwinkel vorzunehmen, die ebenfalls durch die partielle Ableitung des Hinterachslenkwinkels nach der Hubstangenposition $\partial\delta_h(s_{HAL})/\partial s_{HAL}$ erfolgt. Der dynamische Aufbau der Radlängskräfte ist aufgrund der Eingangsgrößen auf Radmomentenebene mit den dynamischen Radhalbmessern zu berücksichtigen. Die Eingangsmatrix $B_{MPSA} \in \mathbb{R}^{12x6}$ ergibt sich mit den aktorspezifischen Übersetzungen ι_l zu

$$B_{MPSA}(i,j) = \begin{cases} \dfrac{\chi_{0,l}}{\tau_{2,l}\,\iota_l} \text{ für } i = 2l \wedge j = l \\ 0 \text{ Rest} \end{cases}, \ l = 1(1)6, \text{ mit} \qquad \text{Gl. A.30}$$

$$\iota_l = \begin{cases} \dfrac{\iota_{HD}+1}{r_{r,VAL}}\dfrac{1}{\dfrac{\partial\delta_v(s_{VAL})}{\partial s_{VAL}}} \text{ für } l = 1 \triangleq \text{VAL} \\ \dfrac{1}{\dfrac{\partial\delta_h(s_{HAL})}{\partial s_{HAL}}} \text{ für } l = 2 \triangleq \text{HAL} \\ r_{dyn,l} \text{ für } l = 3(1)6 \triangleq Rad_{ij} \end{cases} \qquad \text{Gl. A.31}$$

Bei der Beschreibung der Dynamik der erweiterten Wirkzustände der Lenkaktoren wird dem annähernd linearen Verlauf der Vorder- und Hinterachslenkwinkel über der Zahn- und Hubstangenposition bezüglich des LEICHT-Fahrzeugs durch eine Vernachlässigung der zweiten partiellen Ableitungen der Achswinkel nach den Stangenpositionen Rechnung getragen. Die Reduktion des erweiterten Zustandsvektors $\overline{x}_A$ auf den in Gl. 4.16 beschriebenen Vektor x_A geschieht durch Multiplikation mit der Reduktionsmatrix $I_{A,red} \in \mathbb{R}^{6x12}$

$$x_A = I_{A,red}\,\overline{x}_A, \text{ mit } I_{A,red}(i,j) = \begin{cases} 1 \text{ für } j = 2i-1, \ i = 1(1)6 \\ 0 \text{ Rest.} \end{cases} \qquad \text{Gl. A.32}$$

A10. Prädiktionsmodell der Motorwirkungsgrade

Eine Maximierung des mittleren Wirkungsgrades der Traktions- und Rekuperationsmotoren ist im Fahrdynamikregelkonzept zur Minimierung des Aktorenergiebedarfs vorgesehen. Die Prädiktion der Motorwirkungsgrade erfolgt durch Taylorapproximation erster Stufe. Aus Motordrehzahl und Motormoment abhängigen Kennfeldern der radindividuellen Motoren des LEICHT-Fahrzeugs werden die ersten Ableitungen der Wirkungsgrade nach den Motormomenten bei konstanten Betriebsdrehzahlen bestimmt. Ein Ausschnitt des Wirkungsgradkennfelds der im LEICHT-Fahrzeug eingesetzten, permanenterregten Synchronmotoren bei konstanter Motordrehzahl ist in Abbildung 32b) im Anhang A15 dargestellt. Die physikalische Abhängigkeit des Motorwirkungsgrades von weiteren Einflussgrößen, wie der Temperatur, mechanischen Reibungsverlusten von Getrieben, etc., wird vernachlässigt. Die Wahl einer hinreichend kleinen Zeitschrittweite des Optimierungsproblems $T_{S,MPSA}$ rechtfertigt darüber hinaus die Vernachlässigung des Einflusses einer Motordrehzahländerung auf die Änderung des Motorwirkungsgrades, da dadurch die Drehzahländerung gering ausfällt. Der Energieeffizienzvektor G_η aus Gl. 4.14 ergibt sich zur Prädiktion eines mittleren Wirkungsgrades aller vier Motoren mit den motorindividuellen Getriebeübersetzungen $\iota_{G,ij}$ und einer für alle vier Radmomente gültigen Schreibweise zu

$$
G_\eta = \frac{1}{4}\left[0, 0, \nabla_{M_{mot}}\eta_{vl}\ \frac{r_{dyn,vl}}{\iota_{G,vl}}, \ldots\right].
\qquad\text{Gl. A.33}
$$

Der Wirkungsgradgradient in dem elektrischen Motormoment $\nabla_{M_{mot}}\eta$ bei konstanter Motordrehzahl n_{mot} und Motormoment M_{mot} ist definiert als

$$
\nabla_{M_{mot}}\eta = \left.\frac{\partial\eta(M_{mot}, n_{mot})}{\partial M_{mot}}\right|_{n_{mot}=const.},
\qquad\text{Gl. A.34}
$$

und wird durch lineare, numerische Differentiation bestimmt [72]. Eine feine zeitliche Diskretisierung des Prädiktionsmodells ist für die Gültigkeit der Taylorapproximation um den Arbeitspunkt der Motormomente notwendig, da eine schnelle Motordynamik eine große zeitliche Änderung der Motormomente zum nächsten Zeitschritt bedeuten kann. Wird im Falle eines negativen Radmoments das maximal rekuperierbare Moment übertroffen, wird das Differenzmoment durch die aktive mechanische Bremsanlage gestellt und in der Berechnung des Rekuperationswirkungsgrades der Momentengradient verschwindend angesetzt.

A11. Identifikation konstantparametrischer Reglerentwurfsmodelle

Tabelle 7: Parameter des ebenen linearen Einspurmodells

Parameter	Einheit	Bedeutung
m	kg	Fahrzeugmasse
J_{zz}	kgm^2	Gierträgheitsmoment
l_v	m	Abstand von Schwerpunkt zur Vorderachse
l_h	m	Abstand von Hinterachse zum Schwerpunkt
c_v	N/rad	Achssteifigkeit der Vorderachse
c_h	N/rad	Achssteifigkeit der Hinterachse
ι_L	-	Lenkübersetzungsverhältnis

Tabelle 8: Zusätzliche Parameter des wankerweiterten linearen Einspurmodells gegenüber dem ebenen linearen Einspurmodell

Parameter	Einheit	Bedeutung
J_{xx}	kgm^2	Wankträgheitsmoment
z_w	m	Wankhebelarm
c_w	Nm/rad	Wanksteifigkeit
d_w	Nms/rad	Wankdämpfung

Tabelle 9: Zusätzliche Parameter des Rollsteuern und das laterale Achsein-laufverhalten abbildenden wankerweiterten linearen Einspur-modells gegenüber dem wankerweiterten linearen Einspurmodell

Parameter	Einheit	Bedeutung
$R_{S,v}$	-	Rollsteuerkoeffizient der Vorderachse
$R_{S,h}$	-	Rollsteuerkoeffizient der Hinterachse
$\sigma_{y,v}$	m	Laterale Achseinlauflänge der Vorderachse
$\sigma_{y,h}$	m	Laterale Achseinlauflänge der Hinterachse

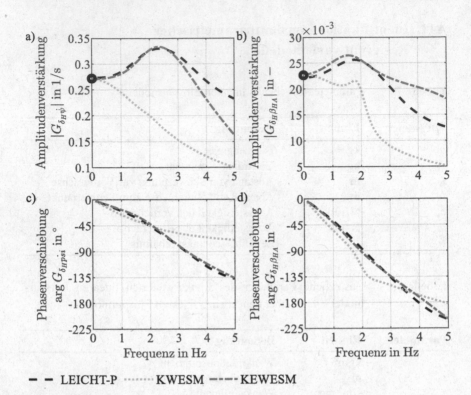

$- - $ LEICHT-P $\quad\cdots\cdots$ KWESM $-\!-\!-$ KEWESM

Abbildung 25: Übertragungsverhalten von Gierrate und Hinterachsschwimmwinkel als Reaktion auf eine Lenkradwinkeleingabe bei konst.
Geschwindigkeit von 80 km/h; a), b) Amplitudenverstärkungen
$|G_{\delta_H\dot\psi}|$, $|G_{\delta_H\beta_{HA}}|$, c), d) Phasenverschieb. $\arg G_{\delta_H\dot\psi}$, $\arg G_{\delta_H\beta_{HA}}$

A12. Definition der Fahrmanöverkataloge der Validierung

In Tabelle 10 werden die in den Nominal- und Robustheitsmanöverkatalogen
enthaltenen Fahrmanöver durch Angabe der Fahrgeschwindigkeiten und über die
Lenkradwinkelamplitude einzustellende stationäre Querbeschleunigung definiert.
Es wird die abkürzende Schreibweise *LWS* für den Lenkradwinkelsprung, *SL* für
das Sinuslenken, *GSL* für das Gleitsinuslenken, *SHZ* für das Sinus-mit-Haltezeit-
Manöver und *BK* für das Bremsen in der Kurve verwendet. Bei der in Abschnitt

5.1.1 beschriebenen Bewertungsmethode nicht berücksichtigte Manöver sind durch eine graue Angabe der stationären Querbeschleunigung kenntlich gemacht.

Tabelle 10: Definition von Fahrmanöverkatalogen und stationären Querbeschleunigungen der Validierungsmanöver (*NMK*: Nominalmanöverkatalog, *RMK*: Robustheitsmanöverkatalog)

v km/h	LWS	SL/GSL 0,25 Hz	0,5 Hz	1 Hz	1,5 Hz	2 Hz	SHZ	BK	Teil des
30	2;8	×	2;8	2;8	2;8	2;8	2;8	2;8	NMK
50	2;8	×	2;8	2;8	2;8	2;8	2;8	2;8	NMK
80	4;8	×	4;8	4;8	4;8	4;8	4;8	4;8	NMK
	4;8	4;8	×	×	×	×	×	×	RMK
100	4;8	×	4;8	4;8	4;8	4;8	4;8	4;8	NMK
120	4;8	×	4;8	4;8	4;8	4;8	4;8	4;8	NMK

(Spaltenüberschrift über SL/GSL–SHZ–BK: **Manöver**, Querbeschleunigung m/s^2)

A13. Validierung der Filtergüten am Beispiel des LEICHT-Fahrzeugs

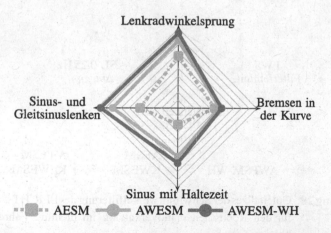

Abbildung 26: Güteindizes der Schwimmwinkelfilterung des LEICHT-Fahrzeugs für den Nominalmanöverkatalog im lin. Fahrdynamikbereich

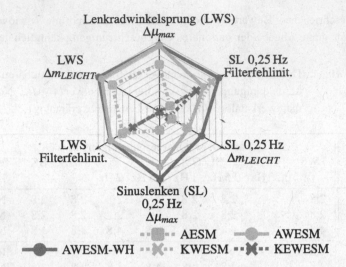

Abbildung 27: Güteindizes der Schwimmwinkelfilterung des LEICHT-Fahrzeugs
für den Robustheitsmanöverkatalog im lin. Fahrdynamikbereich

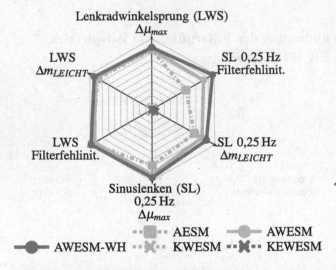

Abbildung 28: Güteindizes der Schwimmwinkelfilterung des LEICHT-Fahrzeugs
für den Robustheitsmanöverkatalog im nichtlin. Fahrdynamikbereich

A14. Validierung der gesteuerten Fahrdynamik am Beispiel des LEICHT-Fahrzeugs

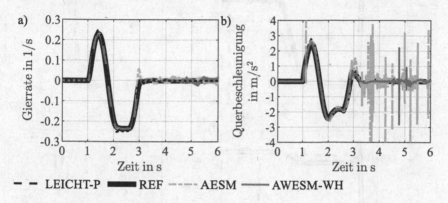

Abbildung 29: Gierrate und Querbeschleunigung des adaptiv gesteuerten LEICHT-Fahrzeugs (a), b)); Sinus mit Haltezeit, 0,7 Hz, 30 km/h, $a_y^{st} = 2\,\text{m/s}^2$

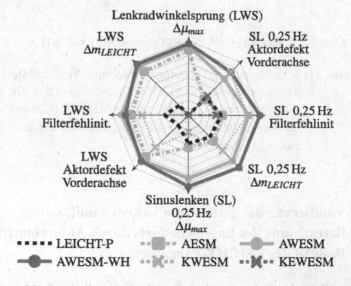

Abbildung 30: Güteindizes der adapt. Schwimm- und Gierdynamiksteuerung des LEICHT-Fahrzeugs für den Robustheitsmanöverkatalog im lin. Fahrdynamikbereich

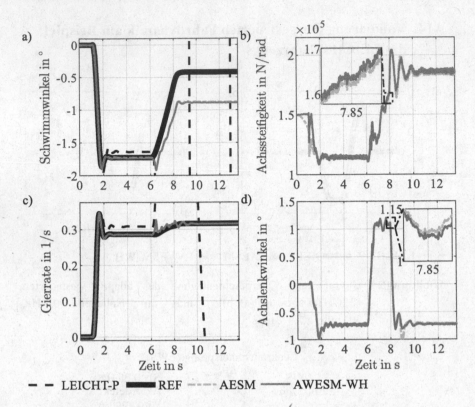

Abbildung 31: Schwimmwinkel, Gierraten und additive Vorderachslenkwinkel des adaptiv gesteuerten LEICHT-Fahrzeugs (a), c), d)); Vorderachssteifigkeiten der Reglerentwurfsmodelle (b)); Bremsen in der Kurve, 100 km/h, $a_y^{st} = 8\,\text{m/s}^2$, Bremsen mit $a_x = -4\,\text{m/s}^2$ zwischen 6 s und 8 s

A15. Validierung der gesteuerten Fahrdynamik mit Betrachtung des Energiebedarfs durch Aktoreingriffe am Beispiel des LEICHT-Fahrzeugs

In Abbildung 32a), c) weist das momentenschwächere, kurveninnere Rad für $w_{R,\eta} = 1$ eine je Periode angefachte und wieder abklingende, hochfrequente

Schwingung der Radmomente und der Motorwirkungsgrade auf. Die Schwingungsamplitude fällt für das kurvenäußere, momentenstärkere Rad deutlich geringer aus. Da die Schwingung weder in den virtuellen Stellgrößen noch in der Fahrzeugreaktion auftritt (nicht dargestellt), ergibt sie sich ausschließlich durch die Lösung des Optimierungsproblems zur Stellgrößenallokation. Induziert wird die Schwingung durch den linearen Ansatz zur Prädiktion der Wirkungsgrade über die Differentiation des Wirkungsgradkennfeldes nach dem Motormoment bei konstanter Motordrehzahl.

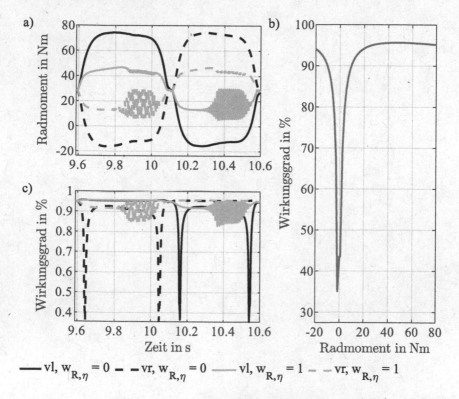

Abbildung 32: Radmomente u. Radmotorwirkungsgrade des adapt. gesteuerten LEICHT-Fahrzeugs (a), c)) mit *AWESM-WH*-Filter; Wirkungsgradkennfeld der Motoren bei konst. Drehzahl (b)); Variation $w_{R,\eta}$ (Gewichtungsfakt. des mittl. Motorwirkungsgrades in der MPSA); Gleitsinuslenken, 1 Hz, 80 km/h, $a_y^{st} = 4\,\mathrm{m/s^2}$ (*vl*: vorne links, *vr*: vorne rechts)

Durch die relativ schnelle Aktordynamik der Motoren sind insbesondere im progressiven Bereich des Motorwirkungsgradkennfeldes große Änderungen des Wirkungsgradgradienten zu verzeichnen, vgl. Abbildung 32b). Ein Herabsetzen der Prädiktionszeitschrittweite kann bei gegebener Rechenleistung zu einer Reduktion des Schwingungseffekts führen.

Printed in the United States
By Bookmasters